职业教育 BIM 应用技术系列教材

BIM 建模基础

主　编　仓　盛　杨嘉琳
副主编　段海雁
参　编　肖慧娟　夏友谊　陈　铭

机械工业出版社
CHINA MACHINE PRESS

本书以"1+X"建筑信息模型（BIM）职业技能等级考试初级综合建模小别墅项目为基础，以"教、学、做"一体化的方式层层深入，介绍了"1+X"建筑信息模型（BIM）职业技能等级考试要点、BIM（Building Information Modeling，建筑信息模型）工具软件Revit创建土建模型的流程，以及对模型进行渲染和输出的方法。本书以Revit 2018中文版为操作平台，以实际项目为例，全面系统地介绍了使用Revit进行建模设计的方法和技巧。本书共13个项目，主要内容包括：认识Revit，了解工程基本信息，创建标高、轴网，创建墙体，创建门、窗，创建楼板，创建屋顶，创建楼梯，创建坡道、台阶、散水，输出成果，创建梁、柱、基础，概念体量，参数化族。为了使读者更加容易理解软件命令、更加轻松掌握软件操作过程，本书对建模步骤的讲解搭配了操作界面截图与步骤注解，简洁明了，使操作过程一目了然。试题解析配备同步教学操作视频，扫描二维码即可观看视频，跟随视频操作，就可以轻松地掌握建模思路和建模方法。

本书可作为职业院校BIM建模培训教材，帮助学生及从业者掌握Revit软件操作和建模方法。本书还可作为BIM初学者入门用书，以及"1+X"建筑信息模型职业技能等级证书初级考试培训用书，能帮助其快速掌握BIM基础实操技能。

图书在版编目（CIP）数据

BIM建模基础 / 仓盛, 杨嘉琳主编. -- 北京：机械工业出版社, 2024.7. -- (职业教育BIM应用技术系列教材). -- ISBN 978-7-111-76079-5

I. TU201.4

中国国家版本馆CIP数据核字第20247WW026号

机械工业出版社（北京市百万庄大街22号　邮政编码100037）
策划编辑：王靖辉　　　　　责任编辑：王靖辉　陈紫青
责任校对：王　延　张　征　封面设计：马精明
责任印制：郜　敏
中煤（北京）印刷有限公司印刷
2024年9月第1版第1次印刷
184mm×260mm・8.25印张・201千字
标准书号：ISBN 978-7-111-76079-5
定价：39.00元

电话服务　　　　　　　　　网络服务
客服电话：010-88361066　　机　工　官　网：www.cmpbook.com
　　　　　010-88379833　　机　工　官　博：weibo.com/cmp1952
　　　　　010-68326294　　金　书　网：www.golden-book.com
封底无防伪标均为盗版　机工教育服务网：www.cmpedu.com

前言

本书是体现教学内容和教学要求的知识载体，在人才培养过程中起着重要的基础性作用。本书的编写以教育部、全国住房和城乡建设职业教育教学指导委员会颁布的专业教学标准为依据，同时参考了各个职业院校的教学实践以及"1+X"建筑信息模型职业技能等级考试的内容。

本书内容具有理论性，反映了课程的知识体系，结构科学，逻辑性强，表述准确。本书通过"1+X"建筑信息模型职业技能等级考证（初级）真题案例解析、考试规范分析、行业标准对标、数据论证等多种方式，通过"教、学、做"的流程，将实践融入理论阐述中。本书的数字化、立体化的体现为：一是通过新技术支撑，融合纸质教材与数字资源，实现线上线下互通，提供整体教学解决方案。二是通过资源整合、多校联合的形式，打造界面友好、检索便利、形式新颖、业态丰富、资源完善的优质线上教学平台（在线课程平台网址：https://mooc1.chaoxing.com/mooc-ans/course/203302320.html）和教学资源库。本书以二维码形式配备了实操教学视频，使知识技能讲解更加生动形象，利于学生接受。

工科类专业的培养目标是把学生培养成为本专业的工程师，学生毕业后在未来的工作中要进行工程设计、产品研发等一系列工程实践。编者在本书编写过程中，努力做到把理论知识和工程项目设计相结合，从工程应用的角度讲解知识点，逐步培养学生的工程思维，为培养合格的工程师打下基础。

本书由宁波城市职业技术学院仓盛、杨嘉琳任主编，由天津城市管理职业技术学院段海雁任副主编，具体编写分工如下：仓盛编写项目一、项目二，杨嘉琳编写项目三~项目九和附录，段海雁编写项目十、项目十一，浙江省二建建设集团有限公司夏友谊、三明医学科技职业技术学院肖慧娟、浙江建工集团陈铭编写项目十二、项目十三。

本书在编写过程中参考了有关资料和著作，在此向相关作者表示感谢。由于编者水平有限，书中难免存在不足之处，恳请读者批评指正。

编　者

目录

前　言

项目一　认识 Revit / 1

1.1　Revit 基础 / 1

1.2　软件界面介绍 / 2

1.3　图元基本操作 / 7

小结 / 7

思考题 / 7

项目二　了解工程基本信息 / 9

2.1　项目背景 / 9

2.2　建模标准 / 10

2.3　命题原则 / 11

2.4　创建项目 / 11

小结 / 14

项目三　创建标高、轴网 / 15

3.1　创建标高 / 15

3.2　创建轴网 / 18

小结 / 21

思考题 / 22

项目四　创建墙体 / 23

4.1　定义及布置墙体 / 23

4.2　编辑墙体 / 27

小结 / 30

思考题 / 30

项目五　创建门、窗 / 31

5.1　创建门 / 31

5.2　创建窗 / 34

小结 / 35

思考题 / 35

项目六　创建楼板 / 37

6.1　定义楼板 / 37

6.2　布置楼板 / 39

6.3　楼板开洞 / 40

小结 / 40

思考题 / 40

项目七　创建屋顶 / 41

7.1　迹线屋顶 / 42

7.2　拉伸屋顶 / 48

小结 / 49

思考题 / 50

项目八　创建楼梯 / 51

8.1　创建梯段 / 51

8.2 创建栏杆扶手 / 54

小结 / 57

思考题 / 57

项目九　创建坡道、台阶、散水 / 58

9.1 创建坡道 / 58

9.2 创建台阶 / 59

9.3 创建散水 / 61

小结 / 63

思考题 / 63

项目十　输出成果 / 64

10.1 输出施工图 / 65

10.2 输出明细表 / 67

10.3 输出效果图 / 69

小结 / 70

思考题 / 71

项目十一　创建梁、柱、基础 / 72

11.1 创建梁 / 72

11.2 创建柱 / 73

11.3 创建基础 / 74

小结 / 75

思考题 / 76

项目十二　概念体量 / 77

12.1 创建体量 / 77

12.2 实战真题 / 78

小结 / 92

思考题 / 92

项目十三 参数化族 / 93

13.1 族工具 / 93

13.2 实战真题 / 98

小结 / 121

思考题 / 121

附 录 Revit 2018 快捷键列表 / 122

参考文献 / 124

项目一
认识 Revit

教学目标

知识目标：
1. 认识并掌握 BIM 各类常用软件。
2. 了解建模软件 Revit 的基本操作。

能力目标：
1. 能够用 Revit 画出基本的图形。
2. 能够用 Revit 新建项目。
3. 能够实操 Revit 基本界面。

素质目标：
1. 传承鲁班精神，精益求精。
2. 培养科学创新精神，奋斗自强。
3. 探索工程伦理追求，智能强国。

1.1 Revit 基础

1.1.1 BIM 概述

建筑信息模型（building information modeling，简称 BIM）是创建和管理建筑资产信息的整体流程。BIM 基于由远程平台支持的智能模型，将结构化、多领域数据整合在一起，以在其整个生命周期（从规划和设计到施工和运营）内生成资产的数字表示。BIM 在建筑工程领域应用可集成各专业不同时期的数据，包括土建、结构、机电各专业在设计阶段、施工阶段、运维阶段协同工作，实时反馈专业各方面需求，通过数字建筑形式提高工程项目中的效率。设计阶段的碰撞检查报告可弥补在传统设计阶段中各专业信息闭塞的缺点，实时正向反馈不合理结构构件，降低返工率，降低施工成本，降低碳排放，实现绿色建筑。

1.1.2 Revit 概述

Revit 是 Autodesk 公司一系列软件的名称，Revit 系列软件是为建筑信息模型（BIM）构建的，可帮助建筑设计师设计、建造和维护质量更好、能效更高的建筑。Revit 软件可为数字建筑提供实时的信息反馈，结合三维空间模型的搭建通过可视化呈现项目物理数据信息，同时输出碰撞报告等实时反馈各专业中需要协同工作的数据源。此外，Revit 软件为空间形态设计提供了另外一种可能，族的创建以及族库的应用为建筑装饰设计提供了便利。

Revit 软件具备强大的兼容性，可输出 IFC 等格式的数据，此外通过 Revit 插件的开发以及应用，可与 BIM 5D、场地布置、土建算量 GTJ、斑马梦龙网络计划、Project、Navisworks、CAD 等软件实现数据互通。Revit 软件从 2016 版本开始每年都有版本更新，其中 2016 版本以及 2018 版本较为稳定。本书中选取 Revit 2018 版本开展实训教学。

Revit 软件在三维环境中对形状、结构和系统进行建模。随着项目的变化，对平面图、立面图、明细表和剖面图进行即时修订，从而简化文档编制工作。作为 BIM 流程重点数据支柱，Revit 能够完整提供工程实体模型数据，汇总空间三维信息、结构设计约束信息、建筑材质信息、建筑外观形态、构件构造做法等初始数据，为建筑全生命周期的运行助力保障。

1.2 软件界面介绍

Revit 2018 软件界面包括应用程序菜单栏、选项栏和功能区、快速访问工具栏、项目浏览器、属性面板、视图控制栏以及绘图区。

1.2.1 应用程序菜单栏

Revit 2018 的应用程序菜单栏即 Revit 文件菜单，如图 1-1 所示，包括项目文件的新建、打开、保存以及其他格式的数据输出等功能。

01-Revit 用户界面介绍

▲图 1-1　应用程序菜单栏

项目一 认识 Revit

1.2.2 选项栏和功能区

Revit 2018 中选项栏和功能区涵盖了建模的全部工具,包括"建筑""结构""系统""插入""注释""分析""体量和场地""协作""视图""管理""附加模块""修改"等选项,如图 1-2 所示。

▲图 1-2 选项栏和功能区

其中,"建筑""结构""系统"三个选项用于创建项目模型中的主要工具,如构件墙、结构梁、风管管件等,如图 1-3 和图 1-4 所示。

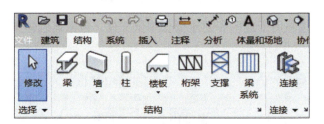

▲图 1-3 "结构"选项

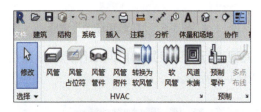

▲图 1-4 "系统"选项

"插入"选项用于添加项目下级内容,可将外部数据载入本项目中,如载入外部 CAD、图像、族等文件,如图 1-5 所示。

▲图 1-5 "插入"选项

"注释"选项用于对现有的图元进行二维信息添加,如尺寸标注、文字添加等。常见的

3

尺寸标注有线型对齐标注、角度标注、直径标注、高程点标注等，如图1-6所示。

▲ 图1-6 "注释"选项

"分析"选项用于模型进行分析，具体包括分析模型、分析模型工具、空间和分区、报告和明细表、检查系统、颜色填充以及能量分析内容，如图1-7所示。

▲ 图1-7 "分析"选项

"体量和场地"选项用于建模和创建概念体量工具，包括概念体量、面模型以及场地建模，如图1-8所示。

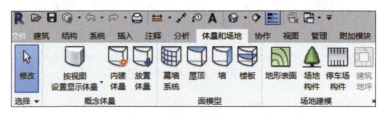

▲ 图1-8 "体量和场地"选项

"协作"选项用于对模型进行项目级别的协同工作，包括通信、管理协作、同步、管理模型和坐标五个模块，如图1-9所示。

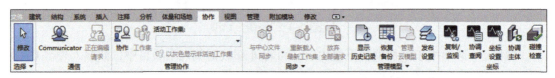

▲ 图1-9 "协作"选项

"视图"选项用于管理以及修改当前视图以及切换后的视图，包括"演示视图""创建""图纸组合""窗口"等，如图1-10所示。

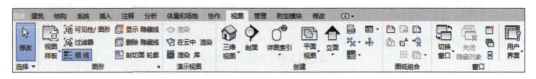

▲ 图1-10 "视图"选项

"管理"选项用于对当前项目信息进行汇总，包括项目信息、项目参数、项目单位、结构设置、MEP 设置等，如图 1-11 所示。

▲ 图 1-11 "管理"选项

"附加模块"选项用于本软件中插件的增设以及项目级别的数据应用，包括本计算机安装所兼容的各项插件功能（具体视系统安装软件而定），如图 1-12 所示。

▲ 图 1-12 附加模块

"修改"选项用于对于当前选中图元进行信息的编辑，如构件的复制、移动、旋转、镜像等，如图 1-13 所示。

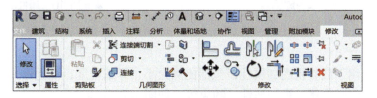

▲ 图 1-13 "修改"选项

1.2.3 快速访问工具栏

快速访问工具栏（图 1-14）用于对文件进行保存、撤销、加粗线、尺寸标注、视图切换以及窗口切换等操作，可根据需求自行设置添加。单击需要的功能按钮即可将其添加到快速访问工具栏中；此外，还可对不常用的功能进行撤销。

1.2.4 项目浏览器

项目浏览器（图 1-15）用于管理当前项目中的信息，包括项目中的视图、明细表、族、组、Revit 链接等资源。Revit 根据逻辑关系组织以上资源信息，便于操作者使用。

▲ 图 1-14 快速访问工具栏

项目浏览器的调取可在"视图"选项卡中操作,选择"用户界面",勾选"项目浏览器"即可调取。

1.2.5 属性面板

属性面板(图1-16)用于对选择对象信息进行查看和修改,可设置其视图范围、构造属性、结构参数、外部约束等多方面数据,功能强大。

属性面板的调取可在"视图"选项卡中操作,选择"用户界面",勾选"属性"即可调取;也使用快捷键 <Ctrl+1> 或 <PP> 关闭或打开此功能。

▲ 图1-15 项目浏览器

▲ 图1-16 属性面板

1.2.6 视图控制栏

视图控制栏用于调整视图的属性,包括比例大小、详细程度、视觉样式、日光路径、阴影、裁剪视图、临时隐藏、视图属性、约束等,如图1-17所示。

▲ 图1-17 视图控制栏

1.2.7 绘图区

绘图区用于进行模型创建、图元修改等一系列操作,如图1-18所示。

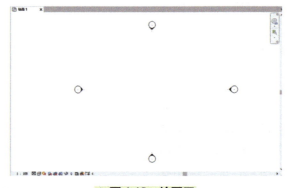

▲ 图1-18 绘图区

1.3 图元基本操作

1.3.1 视图操作

"视图"的操作可通过窗口切换实现，或者在项目浏览器中通过楼层平面、三维视图、立面视图的切换实现。通过快捷键 <WT> 可实现窗口的平铺，通过快捷键 <WC> 可实现窗口的层叠。同时，三维视图中的导航栏与导航盘（图 1-19）也可快速定位所需视图。

1.3.2 修改工具

常用"修改"选项中的工具包括复制（快捷键 <CC><CO>）、旋转（快捷键 <RO>）、移动（快捷键 <MV>）、对齐（快捷键 <AL>）、偏移（快捷键 <OF>）、修剪（快捷键 <TR>）、打断（快捷键 <SL>）、阵列（快捷键 <AR>）、删除（快捷键 <DE>）、锁定（快捷键 <PN>）等。

单击选中某一图元或框选某些构件后，软件会跳出修改此图元的状态栏，可依次对所需对象进行修改操作，如图 1-20 所示。

▲ 图 1-19　导航盘

▲ 图 1-20　修改工具

02-Revit 图元基本操作的应用 1

小结

本项目介绍了 BIM 的基本概念以及 Revit 软件的基本功能，从用户界面详细讲解各大板块的功能以及应用流程。本项目内容的学习是熟练应用 Revit 2018 软件建模的基础，如修改工具的快捷键使用可有效提高同类型图元的空间排布以及整体布局。

思考题

1. BIM 在工程项目的什么阶段应用？
2. Revit 常见的功能有哪些？
3. 请说出 5 个修改工具的快捷键。

03-Revit 图元基本操作的应用 2

4. 同类型图元尺寸如何同时修改？
5. 项目视图如何切换二维视图与三维视图？
6. 立面缺失如何补充？
7. 如何调整视图比例尺寸，如 1∶125？
8. 绘图区背景颜色如何调整为黑白色？

项目二
了解工程基本信息

教学目标

知识目标：
1. 了解 BIM 的定义、发展历程和应用领域。
2. 了解"1+X"建筑信息模型（BIM）职业技能等级考试。
3. 熟悉 BIM 技术在建筑、工程、施工等领域的应用优势。
4. 了解 BIM 在我国的发展现状和政策法规。

能力目标：
1. 能够使用 BIM 软件进行基本项目的创建。
2. 掌握 Revit 中样板文件的使用。
3. 熟悉 Revit 项目信息管理。
4. 能够打开以及保存 Revit 项目文件。

素质目标：
1. 培养对 BIM 技术的兴趣和好奇心，提高学习动力。
2. 增强创新意识和团队合作能力。
3. 提升沟通协调能力和解决问题的能力。
4. 树立持续学习和终身发展的观念。

2.1 项目背景

本项目为 2021 年第七期"1+X"建筑信息模型（BIM）职业技能等级考试初级综合建模小别墅项目。

2.1.1 工程概况

本工程项目为别墅，项目地址为中国南京市，项目发布日期为 2021 年 12 月 25 日。

2.1.2 职业技能等级要求

1. 申报条件

（1）初级　凡遵纪守法并符合以下条件之一者可申报本级别。

1) 职业院校在校学生（中等专业学校及以上在校学生）。

2) 从事 BIM 相关工作的工程行业从业人员。

（2）中级　凡遵纪守法并符合以下条件之一者可申报本级别。

1) 高等职业院校在校学生。

2) 已取得建筑信息模型（BIM）职业技能初级证书的在校学生。

3) 具有 BIM 相关工作经验 1 年以上的行业从业人员。

（3）高级　凡遵纪守法并符合以下条件之一者可申报本级别。

1) 本科及以上在校学生。

2) 已取得建筑信息模型（BIM）职业技能中级证书人员。

3) 具有 BIM 相关工作经验 3 年以上的行业从业人员。

2. 考核内容

（1）职业道德　遵纪守法，诚实信用，务实求真，团结协作。

（2）基础知识

1) 制图、识图基础知识。

2) BIM 基础知识。

3) 相关法律法规、行业标准知识。

（3）BIM 职业技能初级：BIM 建模

1) 工程图纸识读与绘制。

2) BIM 建模软件及建模环境。

3) BIM 建模方法。

4) BIM 属性定义与编辑。

5) BIM 成果输出。

3. 考核办法

建筑信息模型（BIM）职业技能等级考核评价实行统一大纲、统一命题、统一组织的考试制度，原则上每年举行多次考试。

建筑信息模型（BIM）职业技能等级考核评价分为理论知识与专业技能两部分。初级、中级理论知识及专业技能均在计算机上考核，高级采取计算机考核与评审相结合。各级别的考核时间均为 180 分钟。其中初级、中级理论知识 20%，实操内容 80%；高级理论知识 60%，实操内容 40%。

2.2 建模标准

BIM 职业技能等级考试初级要求包括工程图纸识读与绘制、BIM 建模软件及建模环境、BIM 建模方法、BIM 属性定义与编辑、BIM 成果输出五方面内容。具体要求如下。

1. 工程图纸识读与绘制

掌握建筑类专业制图标准,如图幅、比例、字体、线型样式、线型图案、图形样式表达、尺寸标注等;掌握正投影、轴测投影、透视投影的识读与绘制方法;掌握形体平面视图、立面视图、剖面视图、断面图、局部放大图的识读与绘制方法。

2. BIM 建模软件及建模环境

掌握 BIM 建模的软件、硬件环境设置;熟悉参数化设计的概念与方法;熟悉建模流程;熟悉相关 BIM 建模软件功能;了解不同专业的 BIM 建模方式。

3. BIM 建模方法

掌握标高、轴网的创建方法;掌握实体创建方法,如墙体、柱、梁、门、窗、楼地板、屋顶与天花板、楼梯、管道、管件、机械设备等;掌握实体编辑方法,如移动、复制、旋转、偏移、阵列、镜像、删除等;掌握实体属性定义与参数设置方法;掌握生成平、立、剖、三维视图的方法。

4. BIM 属性定义与编辑

掌握标记创建与编辑方法;掌握标注类型及标注样式的设定方法;掌握注释类型及注释样式的设定方法。

5. BIM 成果输出

掌握明细表创建方法;掌握图纸创建方法;掌握 BIM 模型的浏览、漫游及渲染方法;掌握模型文件管理与数据转换方法。

2.3 命题原则

1. 考试范围

"1+X" 建筑信息模型(BIM)职业技能等级标准。

2. 证书性质导向

建筑信息模型(BIM)职业技能等级证书是以建筑产业未来发展和需求为导向设立的,对应人力资源和社会保障部最新颁布的新职业之一——建筑信息模型技术员的双重考评认证,具有社会性、开放性和复合性。

3. 证书目标导向

职业院校与本科院校 BIM 课程体系需融入专业技能人才培养方案中,使得院校毕业生取得建筑信息模型(BIM)证书后,具备在企业及工程实践中应用、管理以及发展 BIM 的能力。

2.4 创建项目

Revit 软件的建模要求是项目级别,同时可为空间形态进行外形构造的设计。其用户界面中默认设置"项目"和"族"两个板块,建模内容清晰便捷。

2.4.1 样板文件

样板文件是 Revit 软件中对于图元进行默认设置的文件形态，具体包括预定义的图元、标注样式、视觉样式、视图等。项目样板文件在实际设计过程中起到非常重要的作用，它统一的标准设置为设计提供了便利，在满足设计标准的同时大大提高了设计师的效率。项目样板提供项目的初始状态。每一个 Revit 软件中都提供几个默认的样板文件，用户也可以自己创建样板文件。

Revit 2018 软件中提供了四种默认的样板文件，分别为构造样板、建筑样板、结构样板以及机械样板，为常用项目的创建提供了初始设置，便于项目的建模展开以及土建、结构、机电等各个专业的协同工作。样板文件可自行定义，在新建项目中选取"样板文件"即可进入样板文件的创建界面。在用户界面中可设置立面视图、尺寸标注、视觉样式等基本参数并进行保存，如图 2-1 所示。

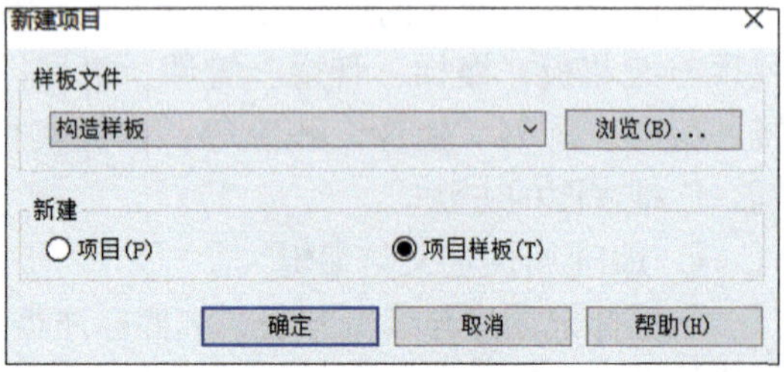

▲图 2-1 样板文件

新建的样板文件可在 Revit 软件中应用，选择文件菜单栏下"选项"进入界面，选择"文件位置"，选择合适的样板文件，添加后可根据使用频率在默认样板文件中修改升降顺序，如图 2-2 所示。Revit 样板文件以 rte 为扩展名。

▲图 2-2 样板文件调序

2.4.2 项目信息

工程项目的信息体现其项目性质、用途、位置、结构形式以及设计要求等内容。在 Revit 软件中，项目信息可用于储备其物理信息，便于后期协同工作。本项目的信息较为基础，包括①项目发布日期：2021 年 12 月 25 日；②项目名称：别墅；③项目地址：中国南京市。

启动 Revit 2018，创建建筑样板，进入"新建项目"页面，选择"建筑样板"—"新建项目"，打开创建项目的初始界面，如图 2-3 所示。

选择"管理"功能区的"项目信息"，打开信息面板（图 2-4）。在"项目发布日期"栏输入 "2021.12.25"，在"项目地址"栏输入"中国南京市"，在"项目名称"栏输入"别墅"，完成信息录入，如图 2-5 所示。

▲ 图 2-3 新建项目

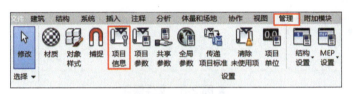

▲ 图 2-4 项目管理

▲ 图 2-5 项目信息录入

2.4.3 项目保存

项目保存包括物理信息、空间三维数据以及构造材质做法等一系列信息的汇总。以上项目信息录入后，将文件另存为项目文件，选择合适的保存路径，命名为"别墅 .rvt"并保存，如图 2-6 所示。

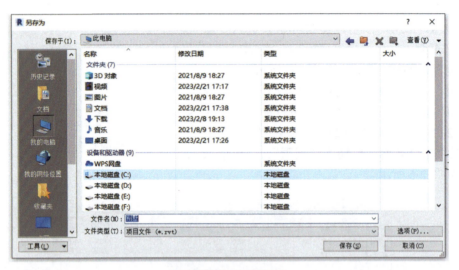

▲ 图 2-6　文件保存

小结

本项目主要介绍建筑信息模型职业技能等级考试的报考条件以及建模软件 Revit 2018 中基本项目的创建方法。BIM 职业技能等级考试是考核建筑工程技术、建筑装饰工程技术等专业学生专业水平的考试，在建筑信息化、建筑智能化市场引领下，能够有效提升学生制图识图、遵守规范标准以及操作软件的能力。

项目三
创建标高、轴网

教学目标

知识目标：
1. 理解标高和轴网在建筑设计中的重要性。
2. 掌握 Revit 中创建和编辑标高与轴网的基本方法。
3. 了解不同类型建筑项目中标高和轴网的常见设置。
4. 熟悉 Revit 中轴网系统与楼层之间的关系。

能力目标：
1. 能够使用 Revit 软件创建和修改标高。
2. 能够使用 Revit 软件创建和编辑不同类型的轴网。
3. 能够设置和管理 Revit 项目中楼层与轴网的关联。
4. 能够运用标高和轴网进行基本的项目布局。

素质目标：
1. 培养细致的工作态度，确保模型准确性。
2. 提升解决问题的能力，能够合理解决建模过程中遇到的问题。
3. 增强团队协作意识，理解在团队项目中分工合作的重要性。
4. 培养创新思维，能够在满足设计要求的同时，探索更高效的建模方法。

3.1 创建标高

标高是衡量建筑物垂直方向高度的指标。标高又分为相对标高、绝对标高。相对标高是把室内地平面定为零点，用于建筑物施工图的标高标注；绝对标高是以一个国家或地区统一规定的基准面作为零点的标高。本项目的建筑构件建模以相对标高为基准，标识构件垂直高度上的标注。接下来，以小别墅项目为例，对项目中层高以及标高作整体规划。

04-标高创建

3.1.1 绘制标高

启动 Revit 2018，创建建筑样板。进入"新建项目"页面，选择"建筑样板"—"新建项目"，打开创建项目的初始界面，如图 3-1 所示。

默认打开"标高 1"楼层平面视图，如图 3-2 所示。

▲图 3-1 新建项目　　　　　　　　▲图 3-2 楼层平面

在项目浏览器中点击"立面"，双击选择"东"，进入东立面视图（图 3-3）。

▲图 3-3 立面视图

单击"建筑"选项卡"基准"面板中的"标高"工具，进入放置标高模式，Revit 2018 将自动切换至"放置标高"上下文选项卡，如图 3-4 所示。

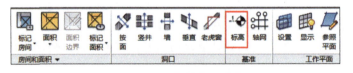

▲图 3-4 "标高"工具

根据系统默认设置，移动光标至标高 F1 左侧下方任意位置，Revit 2018 将在光标与标高 F1 间显示临时尺寸，指示光标位置与 F1 标高的距离。移动光标，当光标位置与标高 F1 端点对齐时，Revit 2018 将捕捉已有标高端点并显示端点对齐蓝色虚线。输入标高室外地坪与标高 F1 的标高差值"450"，单击鼠标左键，确定标高室外地坪起点，如图 3-5 所示。

沿水平方向向右移动光标，在光标与起点间绘制标高。适当放大视图，当光标移动至已有标高右侧端点时，Revit 2018 将显示端点对齐位置。单击鼠标左键完成标高室外地坪的绘制，并修改标高室外地坪的名称。

项目三　创建标高、轴网

▲ 图3-5　修改标高

3.1.2 编辑标高

在视图中适当放大标高右侧标头位置，单击鼠标左键选中"标高1"文字部分，进入文字编辑状态，将"标高1"改为"F1"后按 <Enter> 键，会弹出"是否希望重命名相应视图"对话框（图3-6）。选择"是"，与此同时楼层平面视图中"标高1"楼层平面将重命名为"F1"楼层平面。以同样方法将"标高2"重命名为"F2"。

▲ 图3-6　重命名视图

移动光标至"F2"标高值位置，单击标高值，进入标高值文本编辑状态。输入"3.3"后按 <Enter> 键确认，如图3-7所示。

▲ 图3-7　修改标高文字

单击选择标高"F2"，在"修改"面板中单击"复制"工具，勾选选项栏中的"约束"和"多个"选项，如图3-8所示。

▲ 图3-8　复制标高

单击标高"F1"上任意一点作为复制基点，向上移动光标，输入数值"6600"并按 <Enter> 键确认，Revit 2018将自动在标高"F1"上方6600mm处生成新标高。将标高名称改为"屋顶"。保存以上项目文件并命名为"别墅标高.rvt"，如图3-9所示。

17

别墅标高

```
────────────────────────────  ▽ 6.600  屋顶



────────────────────────────  ▽ 3.300  F2



────────────────────────────  ± 0.000  F1
────────────────────────────  ▽ -0.450  室外地坪
```

▲ 图3-9 别墅标高

3.2 创建轴网

05-轴网创建

轴网是平面图中用于定位建筑构件具体位置的基准图元，建筑物的主要支承构件按照轴网定位排列。轴网由定位轴线（建筑结构中的墙或柱的中心线）、标注尺寸（用于标注建筑物定位轴线之间的距离大小）和轴号组成。横线定位轴线的编号从阿拉伯数字1开始依次向右递增，纵向定位轴线的编号从大写英文字母A开始依次向上递增。

本项目的建筑构件平面定位以轴网为基准图元，标识构件平面上的位置布置。接下来，以小别墅项目为例，对项目中的轴网进行创建。

3.2.1 绘制轴网

启动Revit 2018，打开"别墅标高.rvt"项目文件。

选择"建筑"面板，单击"轴网"，进入轴网绘制模式，如图3-10所示。

▲ 图3-10 单击"轴网"

在绘图区四个立面视图范围内单击定位轴线起点，垂直往下拖拽至合适位置，单击鼠标左键完成一根横向定位轴线的绘制，其编号为①。

按两下<Esc>键退出轴网绘制模式。选中轴线①，单击"修改"面板中的"复制"（快捷键<CC>或<CO>），勾选"约束""多个"，依次输入"3300""4500""1500""1800"，按两下<Esc>键退出轴网绘制模式，完成横向定位轴线的绘制，如图3-11所示。

重复轴网绘制流程，绘制竖向轴线，并修改轴线编号为Ⓐ。用"复制"命令复制绘制所有轴线，如图3-12所示。

项目三 创建标高、轴网

▲ 图 3-11 绘制横向定位轴线

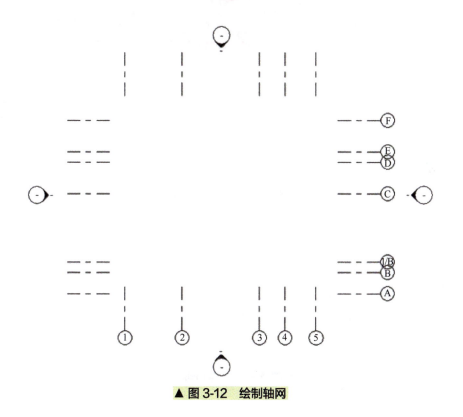

▲ 图 3-12 绘制轴网

3.2.2 编辑轴网

轴网的类型属性中,"轴线中段"默认为"不连续",轴网的起点编号也未显示,此外竖向轴线①/B的位置有所遮挡,因此需要对轴网进行参数设置以及位置调整。

选中轴线①,单击属性面板"编辑类型"。修改"轴线中段"为"连续",勾选"平面视图轴号端点 1(默认)",单击"确定"完成轴线属性编辑,如图 3-13 所示。

选择轴线①/B,单击轴线端点旁"添加弯头"折点,拖动折点至上方合适位置,确保轴线①/B与轴线B编号不重叠。同样调整轴线E位置,如图 3-14 所示。

注释标记轴网。选择"注释"面板中的"对齐尺寸标注"工具(快捷键 <DI>),依次点击轴线①~轴线⑤,临时尺寸标注出现后拖拽鼠标,将尺寸标注按照轴网要求放置。同样标记轴线A~轴线F,如图 3-15 所示。

19

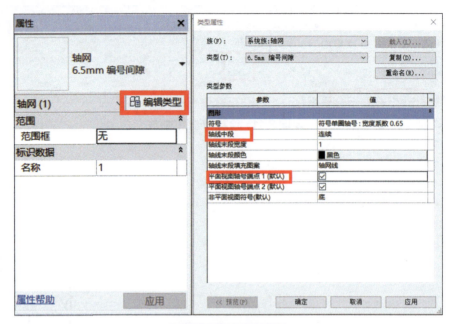

▲ 图 3-13 编辑轴网

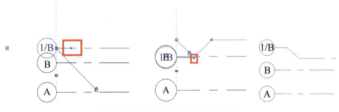

▲ 图 3-14 调整轴线位置

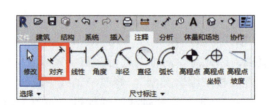

▲ 图 3-15 尺寸标注

编辑尺寸标注样式。单击轴线①与轴线②间的尺寸标注,右击"选择全部实例"—"在视图中可见"(快捷键 <V>),选中所有尺寸标注(图 3-16),选择其"编辑属性",修改其"文字大小"为"5mm"(图 3-17)。调整轴网位置,保存文件为"别墅轴网.rvt",如图 3-18 所示。

项目三 创建标高、轴网

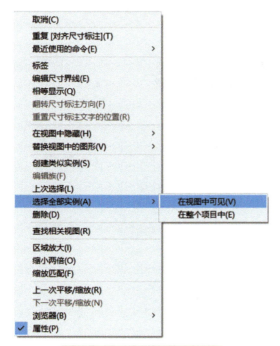

▲ 图 3-16 选择所有尺寸标注　　▲ 图 3-17 修改文字大小

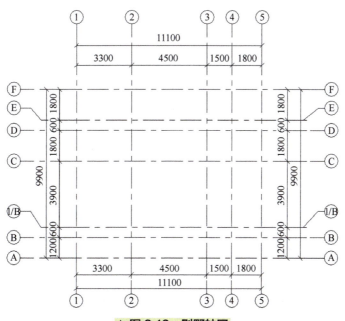

▲ 图 3-18 别墅轴网

别墅轴网

 小结

本项目对别墅项目关于基准图元标高、轴网的参数定义以及创建流程进行详细讲解。基准图元是工程项目精准定位、规范尺寸的基础，学生在参与工程项目时应刻苦钻研、精益求

21

精，在课程教学实践中提升自身的职业素养。

思考题

1. 直接创建的标高与用"复制"命令创建的标高有什么区别？
2. 若在某一楼层平面轴网不显示，该如何调整？
3. 轴网线型如何调整？
4. 上标头、下标头如何修改？
5. 楼层平面缺失如何补充？
6. 基准图元有哪些？
7. 标高与轴网创建视图有何区别？
8. 如何在标高中不显示某一根轴线？

项目四
创建墙体

> **教学目标**

知识目标：
1. 理解墙体在建筑设计中的功能和作用。
2. 掌握 Revit 中创建墙体的基本工具和命令。
3. 了解不同类型的墙体构造及其在 Revit 中的表示方法。
4. 熟悉 Revit 中墙体参数和属性的设置。

能力目标：
1. 能够使用 Revit 软件创建不同类型的墙体。
2. 能够设置墙体的参数和属性，以满足设计要求。
3. 能够使用 Revit 软件对墙体进行修改和调整。
4. 能够将创建的墙体与其他建筑元素进行合理的配合和协调。

素质目标：
1. 培养细致的工作态度，确保墙体建模的准确性。
2. 培养遵循建筑规范和标准进行墙体创建的习惯，提高专业素养。

4.1 定义及布置墙体

建筑构件中的墙体包括承重墙与非承重墙，主要起围护、分隔空间的作用。墙承重结构建筑的墙体，承重与围护合一，骨架结构体系建筑墙体的作用是围护与分隔空间。墙体要有足够的强度和稳定性，具有保温、隔热、隔声、防火、防水的能力。墙体的种类较多，有单一材料的墙体和复合材料的墙体。综合考虑围护、承重、节能、美观等因素，设计合理的墙体方案，是建筑构造的重要任务。

06-墙体创建1

4.1.1 定义墙体

墙体由结构层、保温层、衬底、面层等构造层组成，每个构造层各自具备不同功能。结构层具有承重功能，位于其构造中心位置，通常选择强度较高的建筑材料，如钢筋混凝土。保温层具有保温功能，位于结构层两侧，通常选择重量轻、密度小的材料，如保温泡沫板。衬底具有找平或防潮功能，选择材料根据其具体功能而定。面层为墙体最外两侧构造位置，主要功能为装饰、防水、防火等，选用材料较为广泛，如砖石贴面、墙漆、抹灰、卷材铺面等。

07-墙体创建2

接下来以小别墅项目为例，对墙体进行创建。墙体参数如下：

外墙：240mm，10mm 灰色涂料（外部）、220mm 厚混凝土砌块、10mm 厚白色涂料（内部）。

内墙：240mm，10mm 白色涂料、220mm 厚混凝土砌块、10mm 厚白色涂料。

打开 Revit 2018 软件，打开"别墅轴网 .rvt"模型。打开楼层平面 F1，选择"建筑"功能区—"墙"工具—"墙：建筑"（快捷键 <WA>），在属性面板中默认选择墙体类型为"基本墙 - 常规 –200mm"，单击本类型墙体中"编辑类型"，设置本工程项目中所要求的外墙以及内墙的构造参数。

打开"基本墙"类型属性面板后单击"复制"，对当前墙体类型进行复制，保留原墙体类型"基本墙 - 常规 –200mm"默认参数。根据建模要求以及项目要求，将复制后的墙体类型改为"外墙"。修改外墙构造层具体参数，包括功能区分层、构造层建筑选材以及构造层厚度。单击"构造"—"编辑"，打开编辑部件界面。本项目要求外墙构造层分为三层，一层结构层，两层面层，默认构造层添加两层功能层，分别插入两层构造层。选中位于功能层 2 的结构层，向上修改其位置至功能层 1，功能区下拉框选中"面层 1"；选中位于功能层 3 的结构层，向下修改其位置至功能层 5，功能区下拉框选中"面层 2"。修改各个构造层厚度，从上至下依次为 10mm、220mm、10mm，如图 4-1 所示。

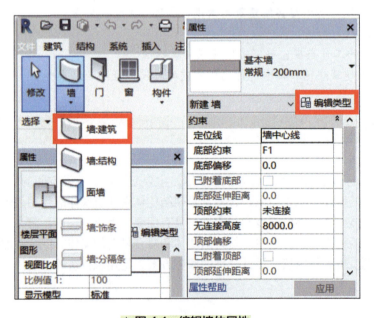

▲ 图 4-1 编辑墙体属性

项目四　创建墙体

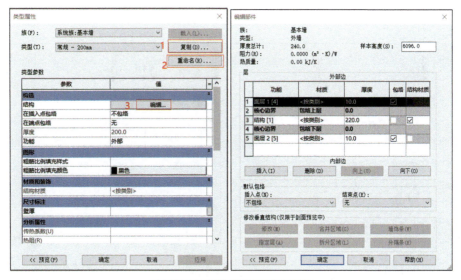

▲ 图 4-1　编辑墙体属性（续）

依次修改面层 1、结构层、面层 2 的材料为灰色涂料、混凝土砌块、白色涂料。单击"材质"栏下的材质库 ，打开材质浏览器，在搜索框里输入要求材料，如混凝土砌块，单击选中项目材质中的对应材料，勾选"使用渲染外观"，确定后完成该材料的设置。灰色涂料、白色涂料等材料在项目材质库中没有对应材料，需要自定义相应材质。在材质浏览器下侧单击 ，选择"新建材质"，右键"重命名"为"灰色涂料"。单击 打开资源浏览器，在外观库中选择材料同类的外观库，如"灰泥"，在该类别资源库中选择要求颜色外观的材料，单击 将此材料添加给新建的材质，如"灰色涂料"，勾选"使用渲染外观"确定后完成此材质的设置，如图 4-2 所示。重复以上步骤完成面层 2 白色涂料的材质创建，确定后完成外墙的参数设置，如图 4-3 所示。

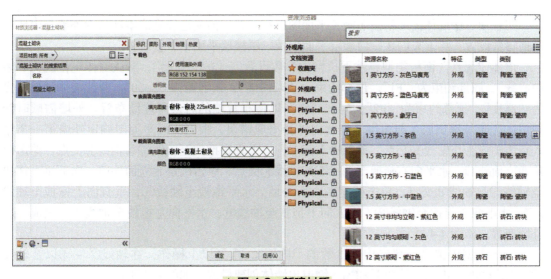

▲ 图 4-2　新建材质

25

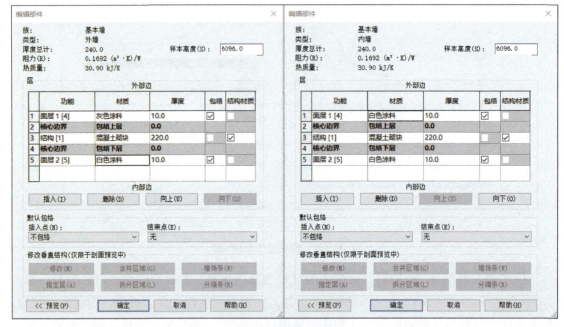

▲ 图 4-3 修改墙体构造

重复以上步骤完成内墙的参数设置。本项目中内墙材质与外墙材质类似，两侧面层均为白色涂料，前序外墙设置中已经创建该材质，便于项目中直接选用，确定后返回内墙"类型属性"界面后修改其"构造"中"功能"为"内部"，确定后完成内墙的设置。

4.1.2 布置墙体

工程项目中墙体需严格按照施工平面图进行布置。前文已经完成本项目中外墙与内墙的构造参数设置，接下来需在一层楼层平面以及二层楼层平面中布置墙体。

墙体"属性"面板类型属性下拉框中参数设置完成的"外墙"，默认墙体定位线为"墙中心线"，底部约束为"F1"，顶部约束为"未连接"，顶部偏移"8000"。修改墙体创建方式为"高度"，顶部约束为"F2"，勾选"链"以便布置墙的时候可连续布置。外墙需顺时针布置，否则外墙面层1与面层2位置内外会出现错误。根据一层平面图确定外墙第一个输入点为轴线①与轴线Ⓑ交点，单击输入起点，向上垂直拖拽至轴线①与轴线Ⓕ交点，单击确定西立面外墙。水平向右拖拽至轴线⑤与轴线Ⓕ交点，单击确定北立面外墙。向下垂直拖拽至轴线⑤与轴线Ⓑ交点，单击确定东立面外墙。水平拖拽至轴线③，垂直向上拖拽至轴线①/B，水平向左拖拽至轴线②，垂直向下拖拽至轴线Ⓑ，水平向左拖拽至轴线①，完成一层外墙布置，如图 4-4 所示。

墙体类型中选择设置好构造参数的"内墙"，重复以上操作，在轴线②~④以及轴线Ⓒ~Ⓔ之间布置内墙。按两下 <Esc> 键退出墙体创建模式，如图 4-5 所示。

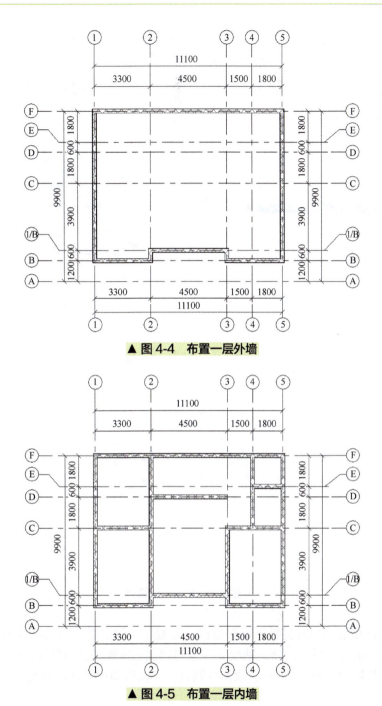

▲ 图 4-4　布置一层外墙

▲ 图 4-5　布置一层内墙

4.2　编辑墙体

　　常规工程项目楼层数不小于两层，标准层楼层平面构造位置完全一致，若用一般建模过程过于烦琐，效率低，因此可通过层间复制等方法快速建模。本项目中有两层楼层平面，将一层平面图与二层平面图进行对比，外墙与内墙具体位置大同小异，可通过层间复制快速建模。从轴网左上角框选一层墙体（含内外墙），选择功能区中"过滤器"，勾选"墙"选中一层所有墙体，启用"剪贴板"中 命令，"粘贴"至"与选定的标高对齐"，选择"F2"，将F1墙体复制至F2，如图4-6所示。

▲ 图4-6 复制一层墙体

二层平面图中墙体位置需按平面图修改。轴线①~②、③~⑤与轴线⑬相交处的外墙向北移动1200mm至轴线②/B处，轴线②~③与轴线①/B相交处的外墙向南移动600mm至轴线⑬处，墙体未连接处通过各种修改命令调整，修改改动位置处墙体类型属性，删除多余内墙。

墙体创建过程中部分位置与定位轴线有偏差，需要自定义参照平面用以辅助构件的具体位置。参照平面是绘图以及建模过程中重要的辅助平面，快捷键<RP>。本项目中在轴线②与轴线①交点处有一段距离内墙面层2000mm的墙体，利用快捷键<RP>创建一个参照平面。选择"拾取线"，输入偏移量"2000"，单击轴线②左侧墙面层，创建相应参照平面。选择墙体中的"内墙"，在轴线②与轴线①交点处水平向左创建内墙，如图4-7所示。保存文件为"别墅墙体.rvt"，如图4-8所示。

项目四 创建墙体

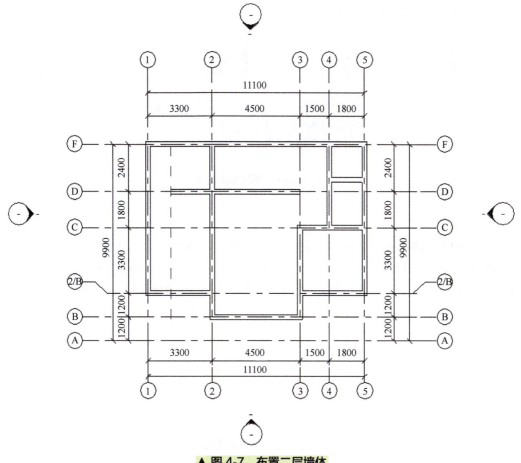

▲ 图 4-7　布置二层墙体

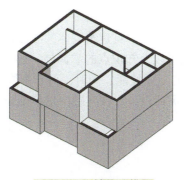

▲ 图 4-8　墙体三维图

别墅墙体

4.2.1　修改轮廓

墙体轮廓根据墙体与其他构件的连接需要手动修改，部分构件（如门、窗）与墙体连接时系统会默认剪裁墙体轮廓，通过墙体开洞的方法保证门窗墙体构件不重叠。部分构件（如楼板）与墙体连接时系统会弹出对话框，提醒是否需要裁剪墙体轮廓。

切换至 F1，选择任意一面墙体，双击进入编辑轮廓状态，打开立面视图，通过绘制轮廓线修改墙体轮廓，如图 4-9 所示。

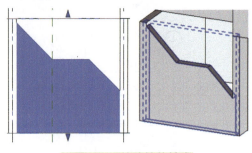

▲ 图 4-9　修改墙体轮廓

4.2.2　连接墙体

Revit 2018 中墙体连接方式有三种：平接、斜接、方接。常见墙体连接方式默认为平接，即墙体外边线保持对齐。当改变连接方式为斜接时，墙体内外侧边线相交，内外交点连线相交。当改变连接方式为方接时，墙体内侧边线与另一侧墙体相接，如图 4-10 所示。

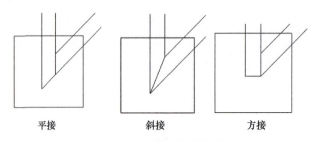

▲ 图 4-10　墙体连接方式

小结

本项目是全书的重点之一，着重介绍了常见建筑墙体的参数化定义以及软件建模实操流程。在本项目内容的学习过程中，除了以上知识点的掌握外，还要结合前文中的内容（如墙体快捷键 <WA> 的使用），巩固自身的专业技能。同时，对于不同类型工程案例中墙体的具体应用实践，大家可发挥自身创造力灵活设计，在实践中培养创新创造能力。

思考题

1. 如何创建异形墙体？
2. 如何快速逐层复制墙体？
3. 如何修改墙体约束？
4. 内墙与外墙在建模时有哪些区别？
5. 结构墙与建筑墙有何异同？
6. 墙体内外方面如何调整？
7. 平接、斜接、方接有何异同？
8. 墙体快捷键是什么？

项目五
创建门、窗

教学目标

知识目标：
1. 理解门、窗在建筑设计中的功能和作用。
2. 掌握 Revit 中创建门、窗的基本工具和命令。
3. 了解不同类型的门、窗构造及其在 Revit 中的表示方法。
4. 熟悉 Revit 中门、窗参数和属性的设置。

能力目标：
1. 能够使用 Revit 软件创建不同类型的门、窗。
2. 能够设置门、窗的参数和属性，以满足设计要求。
3. 能够使用 Revit 软件对门、窗进行修改和调整。
4. 能够将创建的门、窗与其他建筑元素进行合理的配合和协调。

素质目标：
1. 理解并应用参数和约束，以解决建模中的各种挑战。
2. 培养创新思维，在满足功能需求的基础上尝试不同的门、窗样式和设计。

5.1 创建门

门是建筑中主要的交通联系构件，兼有采光、通风、隔热等功能。门根据开启方式不同，可分为平开门、推拉门、弹簧门、折叠门等。门根据其功能不同，可分为防火门、安全门和防盗门等。根据行业标准，不同类型的工程项目中各类门的要求不同。

接下来以小别墅项目为例，对门进行创建。门窗明细表见表 5-1。

▼ 表 5-1 门窗明细表

类型	设计编号	洞口尺寸 /mm	数量
单扇木门	M0721	700×2100	4
单扇木门	M0921	900×2100	5

(续)

类型	设计编号	洞口尺寸/mm	数量
双扇玻璃门	M1821	1800×2100	1
双扇推拉门	M2421	2400×2100	3
固定窗	C0906	900×600	4
推拉窗	C1215	1200×1500	7
	C2121	2100×2100	2

5.1.1 定义门

门的参数主要有材质、门扇数量、洞口尺寸、防火等级、外观样式等。本项目中，门的参数除了门窗明细表中类型、洞口尺寸以外，还需要结合施工图中建筑外立面来确定。从建筑平面图中可以看出，室内房间均为木门（单扇或双扇），门厅处为双扇玻璃门，二楼阳台处为双扇推拉门。

08-门创建

打开"别墅墙体.rvt"模型，切换到F1楼层平面。选择"建筑"功能区中的"门"工具进入"修改/放置门"状态，默认门类型为单扇木门。选择属性面板中的"编辑类型"，弹出"类型属性"界面，在该界面复制一个新的类型并重命名为"M0721"，修改洞口尺寸为宽700mm、高2100mm，修改类型标记为"M0721"。重复以上操作，创建"M0921"门实例。本项目门窗明细表其他实例非单扇木门，需要载入新的族。选择"门"工具，修改属性面板中的"编辑类型"，弹出"类型属性"界面。选择"载入"—"建筑"—"门"—"普通门"—"平开门"—"双扇"—"双面嵌板玻璃门"。载入"双扇玻璃门"后复制一个实例，重命名为"M1821"，修改其宽度为1800mm、高度为2100mm，修改其类型标记为"M1821"。重复以上操作，创建"M2421"，族路径为"建筑"—"门"—"普通门"—"推拉门"—"双扇推拉门5"，修改其类型标记为"M2421"，如图5-1所示。

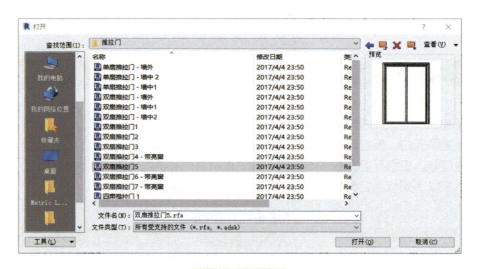

▲ 图5-1 编辑门

▲ 图 5-1 编辑门（续）

5.1.2 布置门

门的布置根据施工图中楼层平面而定。打开一层平面图，确定各个房间的门类型以及具体位置、开启方向。选中"M0721"类型，选中"在放置时进行标记"，在平面图对应位置进行门的放置，且开启方向均为向内开启，按空格键或者门上箭头切换门的开启方向。同样布置 M0921 以及 M1821、M2421，放置门时系统会出现蓝色临时尺寸用于辅助标记，默认将门构件在墙体居中放置，在放置门后选中该图元，拖拽其临时尺寸的尺寸界线，输入间距即可修改其具体位置。切换至 F2 楼层平面，重复以上操作，放置二层所有门实例。若在放置门时未点选"在放置时进行标记"，可在"注释"中手动添加门的注释标记。选择"注释"面板的"标记"功能区，选择"全部标记"，默认勾选"当前视图中的所有对象"，勾选"门标记"，单击"应用"，完成当前视图中所有门的注释标记，如图 5-2 所示。

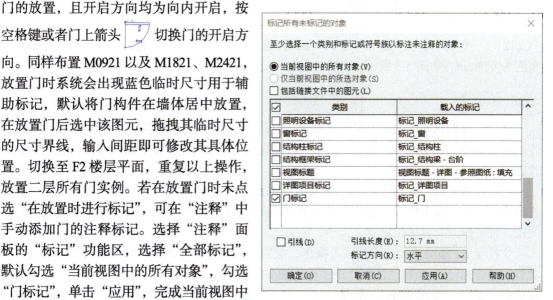

▲ 图 5-2 标注门

5.2 创建窗

窗是建筑中通风采光的装置。窗根据开启方式不同，可分为平开窗、固定窗、转窗（上悬、中悬、下悬、立转）和推拉窗四种基本类型。根据行业标准，不同类型的工程项目中各类窗的要求不同。

接下来以小别墅项目为例，对窗进行创建。

5.2.1 定义窗

09-窗创建

窗的参数主要有材质、窗扇数量、洞口尺寸、防火等级、外观样式、底高度等。本项目中，窗的参数除了门窗表中的类型、洞口尺寸以外，还需要结合施工图中建筑外立面来确定。从建筑平面图中可以看出，室内房间均为推拉窗（单扇或双扇）或固定窗，所有窗台底高度均为600mm。

切换到F1楼层平面，选择"建筑"功能区中的"窗"工具，进入"修改/放置窗"状态，默认窗类型为固定玻璃窗。选择属性面板中的"编辑类型"，弹出"类型属性"界面，在该界面复制一个新的类型并重命名为"C0906"，修改洞口尺寸为宽900mm、高600mm，修改类型标记为"C0906"，修改属性面板中底高度为600mm。

本项目门窗表中其他类型非固定玻璃窗，需要载入新的族。选择属性面板中的"编辑类型"，弹出"类型属性"界面，在该界面中需要载入新的族。结合建筑立面确定推拉窗实例外观，选择"载入"—"建筑"—"窗"—"普通窗"—"推拉窗"—"推拉窗6"。载入"推拉窗"后复制一个实例，重命名为"C1215"，修改其宽度为1200mm、高度为1500mm，修改其类型标记为"C1215"，修改属性面板中底高度为600mm。

重复以上操作，创建"C2121"，该类型外观双层组合窗，族路径为"建筑"—"窗"—"普通窗"—"组合窗"—"组合窗 - 双层单列（四扇推拉）- 上部双扇"，修改其类型标记为"C2121"，修改其高度、宽度均为2100mm，修改类型标记为"C2121"，修改属性面板中底高度为600mm，如图 5-3 所示。

5.2.2 布置窗

窗的布置根据施工图中楼层平面而定。打开一层平面图，确定各个房间的窗类型以及具体位置。选中"C0906"窗类型，选中"在放置时进行标记"，在平面图对应位置进行窗的放置。

同样布置 C1215 以及 C2121，放置窗时系统会出现蓝色临时尺寸用于辅助标记，默认将窗构件在墙体居中放置，在放置窗后选中该图元，拖拽其临时尺寸的尺寸界线，键盘输入间距，即可修改其具体位置。

切换至F2楼层平面，重复以上操作，放置二层所有窗实例。若在放置窗时未点选"在放置时进行标记"，可在"注释"中手动添加窗的注释标记。选择"注释"面板中的"标记"功能区，选择"全部标记"，默认勾选"当前视图中的所有对象"，勾选"窗标记"，单击"应用"，完成当前视图中所有窗的注释标记。保存文件为"别墅门窗 .rvt"，如图 5-4 所示。

项目五　创建门、窗

▲ 图 5-3　编辑窗

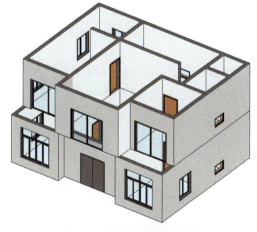

▲ 图 5-4　别墅门窗三维图

别墅门窗

小结

本项目介绍了门、窗的不同类型以及在 Revit 中具体创建以及修改参数的流程。在学习本项目过程中需要注意将以上门窗与墙体的图元模型结合起来，使之保持流畅链接，同时在门垛窗框等节点处理时应严格依据图纸规范以及行业标准来确定。

思考题

1. 如何快速在视图中选中同一类型的门窗图元？
2. 窗实例切割两层墙体时，如何对窗洞口进行修改？

3. 门窗洞口如何确定?
4. 窗台高度始终统一吗?
5. 门窗类型如何修改?
6. 门窗开启方向如何调整?
7. 常见的门类型有哪些?
8. 常见的门窗材料有哪些?

项目六
创建楼板

教学目标

知识目标：
1. 理解楼板在建筑设计中的功能和作用。
2. 掌握 Revit 中创建楼板的基本工具和命令。
3. 了解不同楼板的构造及其在 Revit 中的表示方法。
4. 熟悉 Revit 中楼板参数和属性的设置。

能力目标：
1. 能够使用 Revit 软件创建不同类型的楼板。
2. 能够设置楼板的参数和属性，以满足设计要求。
3. 能够使用 Revit 软件对楼板进行修改和调整。
4. 能够将创建的楼板与其他建筑元素进行合理的配合和协调。

素质目标：
1. 培养细致的工作态度，确保楼板建模的准确性。
2. 培养创新思维，在满足结构安全的基础上尝试不同的楼板设计和布局。

楼板是建筑中的水平承重构件，能够将建筑垂直方向分隔成若干个空间，并将楼板上的家具和人、楼板自重等竖向荷载通过墙体、梁或柱传给基础。楼板按其所用的材料可分为木楼板、砖拱楼板、钢筋混凝土楼板和钢衬板承重的楼板等几种形式。Revit 2018 提供了灵活的楼板工具，可根据项目要求创建常见形式的楼板。

接下来以小别墅项目为例，对楼板进行创建。

10- 楼板创建

6.1 定义楼板

楼板的构造参数组成与墙体类似，包括结构层、面层、衬底以及其他功能层，需要结合项目中楼板的施工做法定义。本项目中楼板参数如下：一楼地板 450mm 厚混凝土，其他楼板 150mm 厚混凝土，仅涉及结构层材质以及厚度设置，不考虑其他构造要求。

打开"别墅门窗 .rvt"文件，切换到 F1 楼层平面。在"建筑"选项卡"楼板"下拉列表中选择"楼板：建筑"，进入"修改/创建楼层边界"状态。在楼板属性面板中单击"编辑类型"，打开"类型属性"界面，复制同类型楼板并重命名为"楼板150"。选择"构造"—"结构"—"编辑"，结构层默认厚度 150 保持不变，修改其材质为混凝土。

单击材质栏 打开材质浏览器，在搜索栏中输入"混凝土"，同时显示材质库面板，在材质库中选择合适外观做法的材质，如"混凝土，现场浇注，灰色"，单击 添加至以上文档中赋予当前结构层。勾选"使用渲染外观"，单击"确定"后完成此材质的添加。重复以上操作，创建"楼板450"，如图6-1所示。

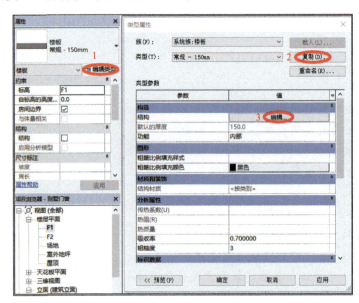

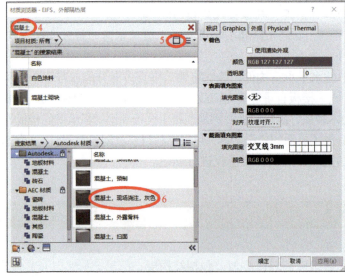

▲ 图6-1 定义楼板

6.2 布置楼板

楼板一般需附着在墙体内侧，通过墙体裁剪楼板的位置轮廓，墙体位置及轮廓保持不变。

在"建筑"选项卡"楼板"下拉列表中选择"楼板：建筑"，进入"修改/创建楼层边界"状态。在楼板属性面板中选择定义好的构造参数"楼板450"，默认状态楼板"边界线"，通过"拾取墙"基于现有的墙添加楼板边界线。将光标放置于外墙内侧至出现蓝色临时边界线，依次拾取相邻位置墙体创建楼板轮廓线，系统会自动修建边界线始末使其连接，未连续拾取相邻墙体，楼板边界线需手动通过修剪工具 进行首尾相连，单击 ✓ 完成楼板布置。

此外，在放置楼板轮廓线时可通过<Tab>键快速选取一层楼板边界轮廓，提高建模效率。选择"楼板450"，进入"修改/创建楼层边界"状态，选择"拾取墙"后将光标放置于外墙内侧至出现蓝色临时边界线，按<Tab>键，直至选中全部楼板边界，单击 ✓ 完成楼板布置。

重复以上操作完成二层楼板创建。需要注意的是，二层楼板创建时，需要处理墙体与楼板连接处边界。系统会弹出对话框"是否希望将高达此楼层标高的墙附着到此楼层的底部？"，如图6-2所示。因楼板创建时楼板厚度是按深度往下创建，故楼板下侧边缘存在楼板厚度（如150mm）的偏移，若我们修改墙体附着到此楼层的底部，墙体底部约束会往下偏移150，与下方墙体重叠，如图6-3所示，故该对话框选择"否"即可，墙体保持不变。

▲ 图6-2 楼板边界修改提示

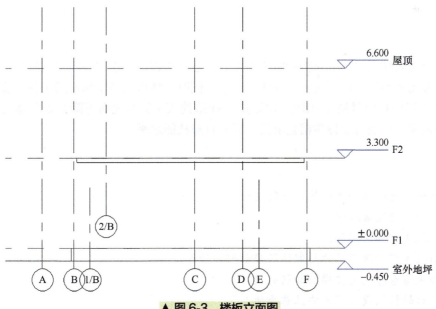

▲ 图6-3 楼板立面图

6.3 楼板开洞

工程项目中某些房间（如楼梯间）因垂直构件楼梯的设置需要楼板开洞，需要对已有楼板轮廓线进行编辑。切换至 F1 楼层平面，框选该楼层中所创建构件，用"过滤器"仅勾选"楼板"，双击进入"编辑边界"状态。参照楼梯平面图，楼梯梯段边界与轴线③偏移 380mm，在"边界线"中选取"拾取线"，设置偏移 380mm，设置楼板洞口边界，结合"修剪""打断"等命令编辑楼板轮廓至一个或多个封闭的图形，单击 ✓ 完成楼板洞口创建，同样不修改墙体位置。保存文件为"别墅楼板.rvt"，如图 6-4 所示。

别墅楼板

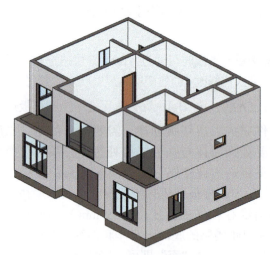

▲ 图 6-4 别墅楼板三维图

小结

本项目讲解楼板的参数化构造定义以及软件建模流程。在学习本项目内容时，应结合墙体、门窗等图元构件，保证构件之间流畅连贯。同时，楼板在各个房间乃至各个楼层中的应用需结合工程项目中材质（厨卫防水需求）、构造约束（防水地面下降）等具体要求，应严格依据规范要求以及行业标准精益求精，提升自身技能水平。

思考题

1. 楼板外边缘与墙体连接处如何处理？
2. 如何进行楼板放坡？
3. 楼板构造如何划分？
4. 厨卫等需要做下沉的局部楼板应如何设计？
5. 楼板与台阶或者楼梯应如何连接？
6. 阳台的楼板设置有哪些注意事项？

项目七
创建屋顶

教学目标

知识目标：
1. 理解屋顶在建筑设计中的功能和作用。
2. 掌握 Revit 中创建屋顶的基本工具和命令。
3. 了解不同类型的屋顶构造及其在 Revit 中的表示方法。
4. 熟悉 Revit 中屋顶参数和属性的设置。

能力目标：
1. 能够使用 Revit 软件创建不同类型的屋顶。
2. 能够设置屋顶的参数和属性，以满足设计要求。
3. 能够使用 Revit 软件对屋顶进行修改和调整。
4. 能够将创建的屋顶与其他建筑元素进行合理的配合和协调。

素质目标：
1. 培养细致的工作态度，确保屋顶建模的准确性。
2. 理解并应用屋顶工具和功能，以解决建模中的各种挑战。
3. 增强团队协作意识，理解在团队项目中分工合作的重要性。
4. 培养创新思维，在满足功能安全的基础上尝试不同的屋顶设计。

屋顶是建筑中最顶层的结构，用于遮风挡雨防护以及承受风、雪等荷载，并将其往下传递给垂直构件。屋顶根据其坡度可分为平屋顶、坡屋顶，根据材质可分为玻璃屋顶、钢结构屋顶、钢筋混凝土屋顶等，根据是否上人分为上人屋顶与非上人屋顶。屋顶排水方式可分为有组织排水和无组织排水。在 Revit 软件中，屋顶可根据其构造形态分为迹线屋顶、拉伸屋顶以及面屋顶。

接下来以小别墅项目为例，对屋顶进行创建。屋顶参数要求 100mm 厚混凝土。

11-屋顶创建 1

7.1 迹线屋顶

迹线屋顶可结合屋顶平面图确定屋顶的轮廓以及坡度，一般适用于坡屋顶。打开"别墅楼板.rvt"文件，切换至屋顶楼层平面，调整视图范围以及视图大小至合理位置。

7.1.1 定义屋顶

屋顶参数具体包括轮廓尺寸、坡度以及构造材质做法。其轮廓尺寸和坡度结合屋顶平面施工图确定，构造材质结合建筑施工构造做法确定。本项目中，屋顶为坡度30°的坡屋顶，外悬挑520mm，构造做法为100mm厚混凝土。

选择"屋顶"—"迹线屋顶"进入创建状态。在属性面板中默认为"基本屋顶 - 常规 –400mm"，视觉样式为绿色屋顶，如图7-1所示。单击"编辑类型"，打开"类型属性"面板，复制类型为"100mm 屋顶"。单击"构造"—"结构"—"编辑"，参考墙体、楼板等建筑构件参数要求定义其构造属性，修改结构厚度为100mm，材质为"混凝土，现场浇注，灰色"，勾选"使用渲染外观"，单击"确定"完成屋顶材质编辑，如图7-2所示。

▲ 图7-1 创建屋顶

7.1.2 布置屋顶

打开屋顶平面图（图7-3），根据轴网确定屋顶外轮廓线。勾选"定义坡度"，设置偏移悬挑为520mm，不勾选"延伸到墙中（至核心层）"，修改屋顶属性面板中坡度为30°（默认值不变）。选择用边界线绘制屋顶轮廓，单击 拾取线工具（或者单击 拾取墙工具）快速定位。依次选中轴线①、轴线Ⓕ、轴线⑤、轴线Ⓑ、轴线Ⓐ，修改偏移量为0后，依次选中轴线②和轴线③，用修剪工具（快捷键<TR>）依次调整屋顶轮廓线使之形成封闭图形，如图7-4所示。

项目七 创建屋顶

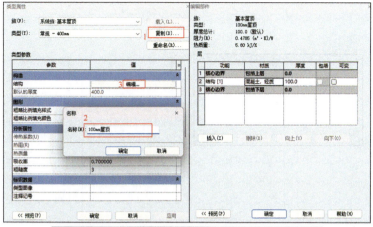

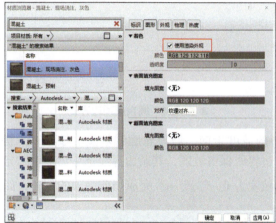

▲ 图 7-2 编辑屋顶材质

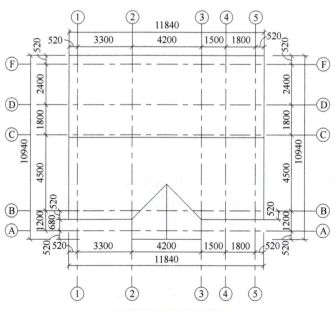

▲ 图 7-3 屋顶平面图

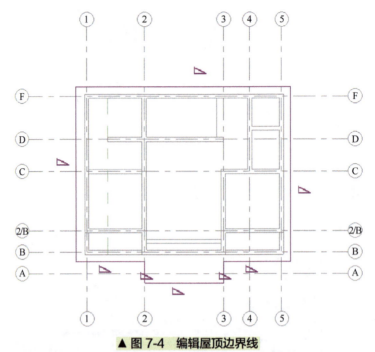

▲ 图 7-4　编辑屋顶边界线

参照屋顶平面图中的坡度走向，修改轮廓线坡度。按 <Esc> 键退出边界线绘制状态，将仅有坡度箭头指向的边界线保留坡度，其余边界线选中后取消"定义坡度"或在绘制边界线时修改属性面板中的坡度为 0，勾选 ✔ 完成当前屋顶的创建，如图 7-5 所示。

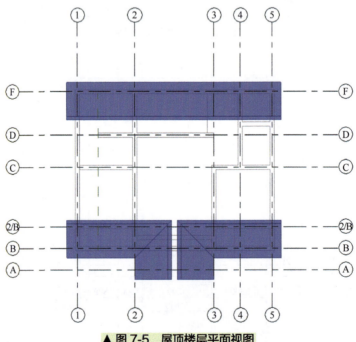

▲ 图 7-5　屋顶楼层平面视图

当前视图中屋顶范围不完整，切换至三维视图，屋顶形态完整，故在楼层平面中需要调整屋顶所在楼层平面的视图范围，如图 7-6 所示。

视图范围是控制对象在视图中的可见性和外观的水平平面集。每个平面图都具有视图范围属性，该属性也称为可见范围。定义视图范围的水平平面为俯视图、剖切面和仰视图，如图 7-7 所示。顶剪裁平面和底剪裁平面表示视图范围的最顶部和最底部部分。剖切面是一个平面，用于确定特定图元在视图中显示为剖面时的高度。三个平面可定义视图范围的主要范围，如图 7-8 所示。

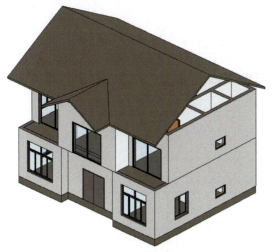

▲ 图 7-6　屋顶三维图

▲ 图 7-7　视图范围

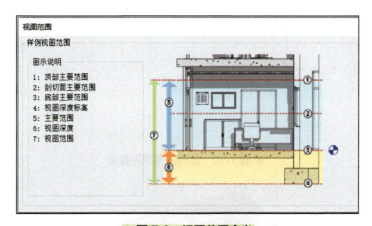

▲ 图 7-8　视图范围含义

视图深度是主要范围之外的附加平面。更改视图深度，可以显示底剪裁平面下的图元。默认情况下，视图深度与底剪裁平面重合。

切换至屋顶楼层平面，当前楼层平面中屋顶不完全可见，需要调整该视图范围。单击绘图区空白处，选择楼层平面属性面板中的"范围"—"视图范围"，判断屋顶当前位置缺失其顶部，需要调高顶部位置，且剖切面偏移量改为 5000，单击"确定"完成视图范围的扩大，如图 7-9 所示。此时屋顶平面图如图 7-10 所示。

切换至三维视图（图 7-11），屋顶下方墙体未与屋顶保持连接，需要重新调整约束高

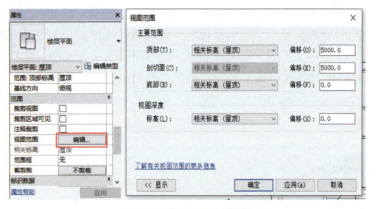

▲ 图 7-9　修改视图范围

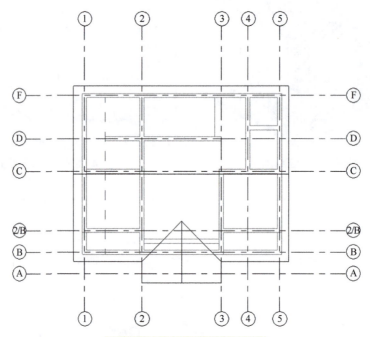

▲ 图 7-10　改后的屋顶平面图

▲ 图 7-11　屋顶三维图

度。选择前立面视图,框选二层所有构件,过滤器筛选出该层的所有墙体,包括内墙和外墙(图 7-12)。单击"确定"后选中,修改墙体"附着顶部 / 底部"后单击需要附着的屋顶边缘,完成墙体顶部到屋顶的附着(图 7-13)。保存文件为"别墅屋顶 .rvt",如图 7-14 所示。

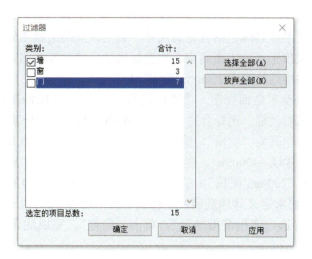

▲ 图 7-12 筛选二层墙体

▲ 图 7-13 附着墙体顶部

▲ 图 7-14 别墅屋顶

7.2 拉伸屋顶

通过拉伸创建屋顶，需要打开立面视图、三维视图或者剖面视图。绘制屋顶轮廓线时，可用直线与弧线的组合以及参照平面，屋顶的高度取决于轮廓绘制的具体位置。拉伸屋顶用于横截面一致的屋顶形式，通常为平屋顶或者曲面屋顶，后者一般结合概念体量一同创建。

12- 屋顶创建 2

屋顶参数具体包括其轮廓尺寸、坡度以及构造材质做法。其轮廓尺寸和坡度结合屋顶平面施工图确定，构造材质结合建筑施工构造做法确定。本项目拉伸屋顶的构造做法为 200mm 厚混凝土。

切换至东立面视图，功能区选择"屋顶"—"拉伸屋顶"进入屋顶创建状态。弹出对话框，选择合适位置工作平面，如东立面外墙位置（图 7-15），设置屋顶参照标高为"屋顶"，偏移量为"0.0"（图 7-16），在属性面板中默认为"基本屋顶 - 常规 –400mm"，视觉样式为绿色屋顶。单击"编辑类型"打开类型属性面板，复制类型为"200mm 屋顶"。单击"构造"—"结构"右边的"编辑"，参考墙体、楼板等建筑构件参数要求定义其构造属性，修改结构厚度为"200"，修改材质为"混凝土，现场浇注，灰色"，勾选"使用渲染外观"，单击"确定"，完成屋顶材质参数的定义，如图 7-17 所示。

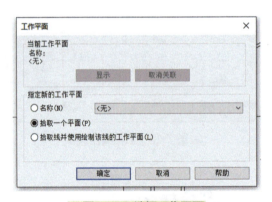

▲ 图 7-15　选择工作平面

▲ 图 7-16　设置参照标高和偏移量

选取合适线型（如直线、曲线）创建拉伸屋顶轮廓线，勾选 ✓ 完成当前屋顶的创建。切换至三维视图，调整视角位置，拉伸轮廓线长度，如图 7-18 所示。

项目七　创建屋顶

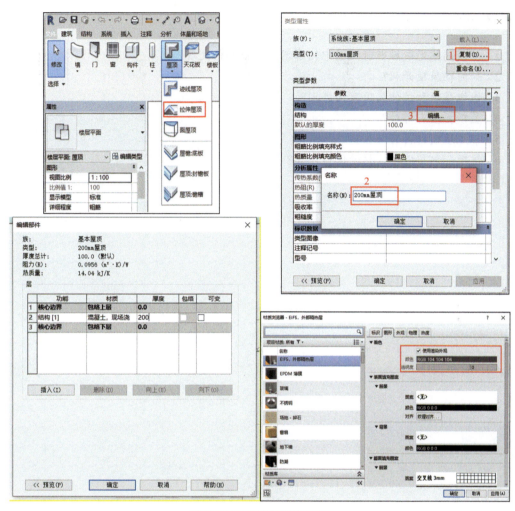

▲ 图 7-17　定义拉伸屋顶

▲ 图 7-18　创建拉伸屋顶

小结

本项目重点讲解了迹线屋顶、拉伸屋顶的参数构造以及建模流程。在设置屋顶结构的时候需要注意屋顶与其他构件的连接以及屋顶形式的多样性。工程项目中，屋顶的形式较为多样，不规则的屋顶形式需要结合概念体量创建空间形体辅助创建，相关内容在后续内容中进行讲解，在此不作赘述。

思考题

1. 屋顶创建完成后当前视图中轮廓不完整应如何处理?
2. 如何在屋顶开洞?
3. 迹线屋顶和拉伸屋顶有何区别?
4. 屋顶类型有哪些?
5. 常见屋顶材料有哪些?
6. 屋顶如何与墙体、柱子保持连接?

项目八
创建楼梯

教学目标

知识目标：
1. 理解楼梯在 Revit 中的创建方法和原理。
2. 熟悉 Revit 楼梯的各种参数和设置。
3. 掌握 Revit 楼梯的命名和分类。

能力目标：
1. 能够使用 Revit 创建各种类型的楼梯。
2. 能够调整 Revit 楼梯的尺寸和位置。
3. 能够设置 Revit 楼梯的材质和外观。

素质目标：
1. 培养空间想象能力和设计能力，提高建筑设计质量。
2. 培养团队协作能力和沟通表达能力，提高项目完成质量。

8.1 创建梯段

楼梯是建筑中楼层垂直空间的交通枢纽。楼梯根据材料可分为钢筋混凝土楼梯、钢楼梯、木楼梯等，根据外观可分为平行双跑楼梯、多跑楼梯、旋转楼梯等。

楼梯由梯段、踏步、休息平台和栏杆扶手组成。楼梯每个梯段上的踏步数量不得超过 18 级，且不得少于 3 级，休息平台按其所处位置分为楼层平台和中间平台。踏板楼梯上的下面板，一般整体上用 38mm 厚，水泥梯上用 30mm 厚。Revit 2018 提供了便捷的楼梯工具，可根据项目要求创建常见的楼梯形式，一般有现场浇注楼梯、组合楼梯、预浇筑楼梯。

13-楼梯、扶手创建

接下来，以小别墅项目为例创建楼梯。常见的民用建筑楼梯适宜踏步尺寸见表 8-1。

▼ 表 8-1 常见的民用建筑楼梯适宜踏步尺寸

名称	住宅	学校、办公楼	剧院、食堂	医院	幼儿园
踢面高 r/mm	156~175	140~160	120~150	150	120~150
踏面宽 g/mm	250~300	280~340	300~350	300	260~300

8.1.1 设置楼梯参数

楼梯构件的尺寸信息由楼梯间详图确定，所有组件的材质不作要求，按默认值即可。如图 8-1 所示，楼梯间踏板深度为 250，数量为 10 级，休息平台宽 2400-120-120=2160（mm），长度为 1200mm，梯井宽度为 160mm，楼梯形式为平行双跑楼梯，梯段宽度为 1000mm。

如图 8-2 所示，楼梯梯面高度为 150mm，休息平台高度与梯面等高，楼梯起点位置为一层楼板上面层 0.000m，终点位置为二层楼板上面层 3.300m，梯段起始位置距离轴线 380mm。

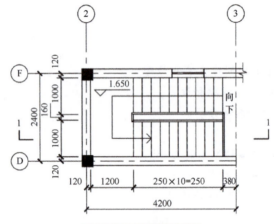

▲ 图 8-1 楼梯平面图

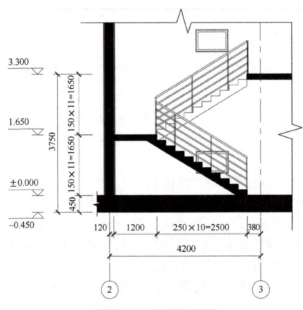

▲ 图 8-2 楼梯剖面图

打开"别墅屋顶.rvt"文件,选择"楼梯坡道"—"楼梯"工具,进入创建楼梯状态(图8-3)。在属性面板的类型选择器中选择"现场浇注楼梯"—"整体浇筑楼梯",单击"编辑类型"进入类型编辑器(图8-4)。复制该类型的实例并命名为"楼梯",修改踢面高度为150mm,踏板深度为250mm,梯段宽度为1000mm,单击"确定"完成楼梯梯段和踏步数据的设置,如图8-5所示。

▲图8-3 创建楼梯

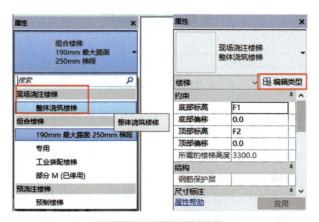

▲图8-4 选择楼梯类型

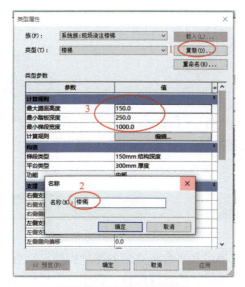

▲图8-5 设置楼梯参数

8.1.2 放置梯段

切换至 F1 楼层平面，滚动鼠标滚轮缩放视图调整至楼梯间（轴线②~③与轴线Ⓓ~Ⓕ相交位置），单击"构件"—"梯段"进入梯段放置状态（图 8-6），选择状态栏中定位为"梯边梁外侧：左"，其余默认条件不变，如图 8-7 所示。由于梯段起始点未与轴线重合，因此需要设置参照平面（快捷键 <RP>）。输入偏移量为 380，拾取线后单击轴线③往左偏，按 <Esc> 键退出参照平面的创建。

▲ 图 8-6　创建梯段

▲ 图 8-7　梯段状态栏

选择梯段，单击选中参照平面与轴线③左侧交点，输入梯段的起始位置，水平往左拖拽鼠标出现灰色临时提示，直至提示为"创建了 11 个踢面，剩 11 个"或梯段长度为 2500mm 时，单击鼠标左键完成第一梯段的创建，如图 8-8 所示。沿着第一梯段终点位置垂直往上拖动鼠标至出现蓝色对齐虚线，与墙体相交时单击确定第二梯段起点，水平往右拖拽鼠标至剩余踢面为 0，完成第二梯段的放置。此时由于第一梯段和第二梯段是首尾相接，故系统会自动生成相应休息平台，然而平台深度需手动调整至墙体内面层，单击 ✓ 完成梯段的放置，如图 8-9 所示。

▲ 图 8-8　梯段创建流程

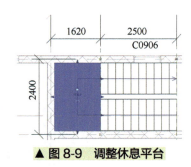

▲ 图 8-9　调整休息平台

8.2　创建栏杆扶手

栏杆和扶手是设置在楼梯段和平台临空侧的围护构件，应有一定的强度和刚度。扶手是设在栏杆顶部供人们上下楼梯倚扶的连续配件。将军柱楼梯栏杆起步处的起头大柱，一般比大立柱要大一号。

完成楼梯创建后会弹出如图 8-10 所示的警告框，栏杆扶手结构需要手动调整修改。

8.2.1 编辑栏杆扶手

单击选中栏杆扶手，在属性面板中选择合适类型，如"栏杆扶手 1100mm"。单击"编辑类型"进入"类型属性"编辑器。复制实例并命名为"不锈钢栏杆扶手 1100mm"。选

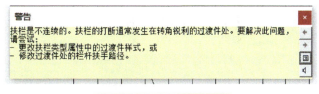

▲ 图 8-10 调整栏杆警告

择"扶栏结构"—"编辑"，对扶手进行编辑，单击"插入"修改扶手名称以及高度、材质。点击"材质"进入"材质浏览区"，在搜索框里输入"不锈钢"，选择该材质后勾选"使用渲染外观"，完成材质定义，如图 8-11 所示。

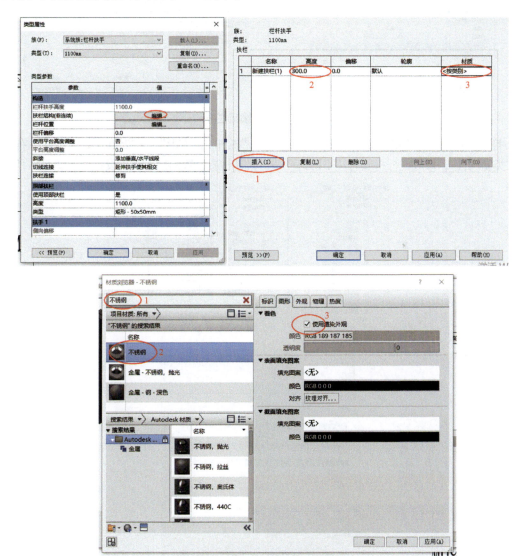

▲ 图 8-11 编辑栏杆扶手

选择"栏杆位置"—"编辑",进入栏杆编辑状态。勾选"楼梯上每个踏板使用栏杆",修改栏杆族为"栏杆—正方形:25mm",单击"确定"后完成栏杆的定义。栏杆材质的设置需要在项目浏览器中修改,如图 8-12 所示。

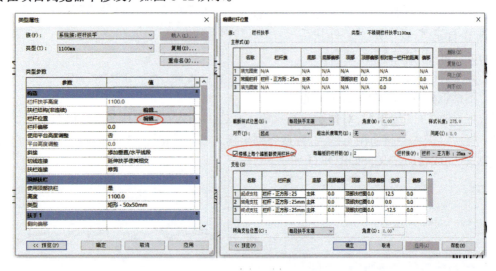

▲ 图 8-12 编辑栏杆

打开项目浏览器中的"族"—"栏杆扶手"—"栏杆 - 正方形"—"25mm",单击鼠标右键打开"类型属性",修改栏杆材质为"不锈钢"即可,其材质设置同扶手材质设置,如图 8-13 所示。

▲ 图 8-13 定义栏杆材质

8.2.2 补充、删除栏杆扶手

在 F1 楼层平面视图中，删除楼梯间靠墙位置不必要的栏杆扶手，双击梯井位置处栏杆扶手进入编辑状态，选择线，在二层楼板位置补充栏杆扶手，如图 8-14 所示。

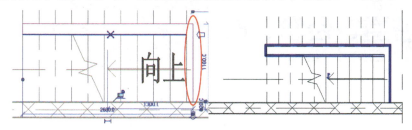

▲ 图 8-14　补充栏杆扶手

切换至三维视图，选择前立面，框选楼梯间一侧墙体，按快捷键 <HH> 临时隐藏墙体，检查楼梯间构件是否全部完成，同理创建 F2 楼层阳台处的栏杆扶手，并保存模型文件为"别墅楼梯 .rvt"，如图 8-15 所示。

▲ 图 8-15　别墅楼梯三维图

别墅楼梯

小结

本项目是全书的重点之一，着重介绍了建筑楼梯的类型、参数设定以及建模流程，重点关注楼梯在建模过程中与其他构件的连接，如与楼板、墙体等的连接。在实践过程中要始终有整体性与安全性的理念，以人为本，从生活出发，最终回归生活，设计有生命的建筑。

思考题

1. 如何修改楼梯平台高度？
2. 如何修改栏杆扶手材质参数？
3. 如何修改楼梯平台厚度？
4. 如何调整楼梯平台与楼板间隙？
5. 栏杆材质的设置与踏步材质设置有何不同？
6. 如何在每个踏步上都均布栏杆？
7. 扶手的样式如何修改？

项目九
创建坡道、台阶、散水

教学目标

知识目标：
1. 理解坡道、台阶、散水在 Revit 中的创建方法和原理。
2. 熟悉 Revit 坡道、台阶、散水的各种参数和设置。
3. 掌握 Revit 坡道、台阶、散水的命名和分类。

能力目标：
1. 能够使用 Revit 创建各种类型的坡道、台阶、散水。
2. 能够调整 Revit 坡道、台阶、散水的尺寸和位置。
3. 能够设置 Revit 坡道、台阶、散水的材质和外观。

素质目标：
1. 培养建筑审美，将建筑元素进行协调来确保设计的一致性、和谐性。
2. 培养精益求精的工匠精神，严格依据规范进行建模。

14-坡道栏杆编辑

坡道用于替代楼梯或者台阶的踏步高差，形成无障碍通道。坡道设置时需要考虑人的行走安全，坡道的坡度受面层做法的限制。台阶是设置于建筑物出入口或者关联部分的踏步以及平台。室外台阶中踏步的坡度应比楼梯平缓，一般踏步宽度不小于300mm，高度不超过150mm。当室外高差超过1000mm时，应在台阶临空一侧设置围护栏或栏板。坡道以及台阶在设计时需要考虑安全、舒适以及合理的原则。

9.1 创建坡道

在 Revit 2018 中，创建坡道时可用多种途径建模，例如通过楼梯坡道工具直接创建或者结合族创建。

9.1.1 编辑坡道

打开"别墅楼梯.rvt"模型文件,切换到室外地坪楼层平面,在空白处创建坡道。单击"坡道"构件进入创建状态,检查属性面板中坡道约束为室外地坪至 F1,即坡道连接高度为 450mm,单击"编辑类型"进入类型属性编辑器,依次如图 9-1 所示复制实例并重命名,修改材质为混凝土,完成定义。

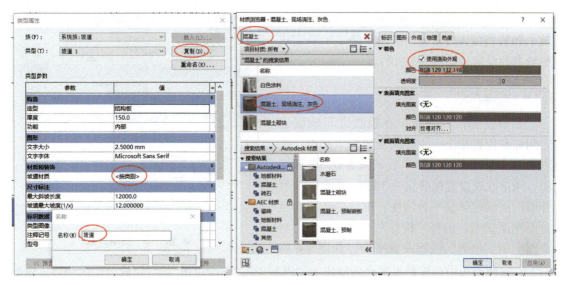

▲ 图 9-1 编辑坡道参数

9.1.2 布置坡道

在合适位置处单击输入坡道起点,拖拽光标至合适位置,单击完成坡道草图的创建,单击 ✓ 完成建模,如图 9-2 所示。注意创建坡道时的底部与顶部方位,如果坡道角度不对,应旋转坡道进行调整。

▲ 图 9-2 坡道三维图

9.2 创建台阶

本项目中台阶位置为室外地坪至室内楼板位置,高差为 450mm。从平面图和立面图得出台阶踏步宽度为 300mm、高度为 150mm,梯段宽度与外墙面对齐。此台阶的创建可参照楼梯建模。

9.2.1 编辑台阶

在室外地坪楼层平面，单击"楼梯"工具进入楼梯创建状态，单击属性面板中的"编辑类型"，复制新实例并重命名为"台阶"，修改最大踢面高度150mm，最小踏板深度300mm，最小梯段宽度4260mm，单击"确定"后完成台阶参数设定，如图9-3所示。

9.2.2 布置台阶

在布置梯段状态下，在轴线②与轴线③之间任意位置单击一点作为台阶输入起点，垂直往上布置梯段直至踏步数剩余为0。参照平面，用拾取线设置偏移量为1500，选取轴线Ⓑ外墙面层确定休息平台深度，框选踏步移动至参照平面交点。选择"构件"—"平台"，绘制草图，用"边界"线框布置平台，如图9-4所示。在属性面板中可编辑本平台的材质为"混凝土"。连续单击 ✓ 完成台阶的创建，删除多余栏杆扶手。切换至三维视图，如图9-5所示，休息平台下方未与底部连接，需修改平台厚度。

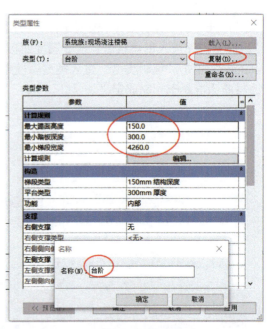

▲ 图9-3 台阶参数

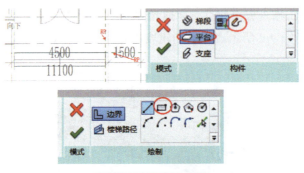

▲ 图9-4 布置平台

▲ 图9-5 台阶视图

选中台阶，在属性面板中单击"编辑类型"，打开"类型属性"编辑器，在"平台类型"中修改其厚度为450mm，单击"确定"后完成台阶的修改，如图9-6所示。

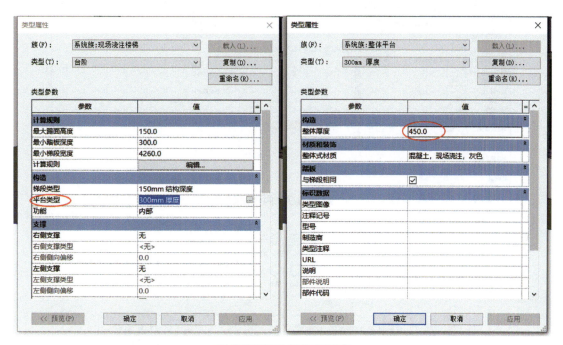

▲ 图9-6 调整平台厚度

9.3 创建散水

为了保护墙基不受雨水侵蚀，常在外墙四周将地面做成向外倾斜的坡面，以便将屋面的雨水排至远处，该坡面称为散水，它是保护房屋基础的有效措施之一。

由一层平面图可看出，小别墅外墙周围一圈都布置有散水，且其宽度要求为800mm、高度为100mm，散水形状为直角三角形。

Revit 2018为形态各异的构造提供了构件设计的工具，即族工具。本项目中的散水横截面始终为同一轮廓，且布置位置规律，可用族放样来创建。

切换至室外地坪楼层平面，选择"建筑"面板—"构件"工具—"内建模型"。选择"常规模型"，输入名称为"散水"，如图9-7所示。

选择"形状"—"放样"—"绘制路径"—"拾取线"，依次选中散水所布置位置，单击 ✓ 完成路径选择，如图9-8所示。选中"选择轮廓"—"编辑轮廓"，跳转到东立面视图，绘制散水大样图，如图9-9所示。连续单击 ✓ 完成散水的建模。保存文件为"别墅散水.rvt"，如图9-10所示。

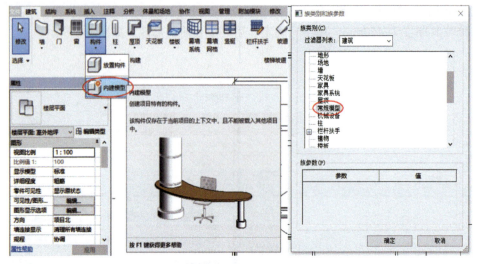

▲ 图 9-7　内建模型

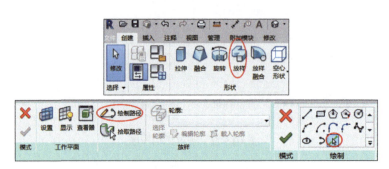

▲ 图 9-8　放样绘制路径

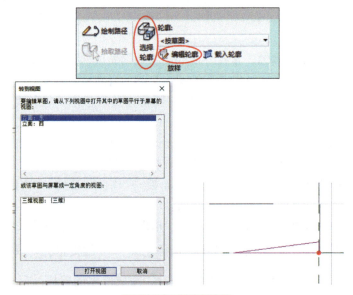

▲ 图 9-9　绘制轮廓

项目九　创建坡道、台阶、散水

别墅散水

▲ 图 9-10　散水三维图

小结

本项目讲解了坡道、台阶以及散水的参数化定义以及建模流程。其中台阶、散水的创建可结合后续内容中介绍的内建族来创建。在工程案例应用过程中，需要注意零星构件建模方式的多样性以及整体性，精益求精，不断提高模型的精准度。

思考题

1. 如何修改坡道方向？
2. 如何创建坡道的扶手？
3. 如何修改散水位置？
4. 坡道方向如何修改？
5. 坡道与楼板或台阶如何连接？
6. 台阶材质以及尺寸如何修改？

项目十
输出成果

🎯 教学目标

知识目标：
1. 掌握施工图输出流程。
2. 掌握明细表输出流程。
3. 掌握效果图输出流程。

能力目标：
1. 能够使用 Revit 导出各种类型的成果文件，如施工图、明细表、渲染图等。
2. 能够调整 Revit 成果输出的质量和设置，以满足不同需求。
3. 能够优化 Revit 成果输出过程，提高输出效率。

素质目标：
1. 培养良好的工作习惯和细心程度，确保成果输出的准确性。
2. 培养沟通能力和协作精神，确保成果输出满足项目需求。
3. 培养创新思维和解决问题的能力，提高成果输出的质量。

使用 Revit 2018 完成模型搭建后，可以对数据进行一系列的成果输出，具体包括施工图输出、明细表输出、效果图输出、不同格式模型数据源输出、漫游动画输出等。接下来，以小别墅项目为例，进行施工图、明细表以及效果图的输出。具体要求如下：

1）创建一层平面图，创建 A3 公制图纸，将一层平面图插入，并将视图比例调整为 1∶100，尺寸标注不做要求。

2）创建门窗明细表。门明细表要求包含：类型标记、宽度、高度、合计字段；窗明细表要求包含：类型标记、底高度、宽度、高度、合计字段；门窗明细表均计算总数。

15-施工图输出

10.1 输出施工图

10.1.1 创建图纸

打开"别墅散水 .rvt",切换视图至 F1 楼层平面。右击"F1"楼层平面视图,选择"复制视图","带细节复制"创建"F1 副本"楼层平面。右击"F1 副本"楼层平面,将其重命名为"一层平面图"(图 10-1)。双击切换至"一层平面图"楼层平面,框选东南西北四个立面以及立面视图,往外移动其具体位置,使之在平面图所在范围内不可见。

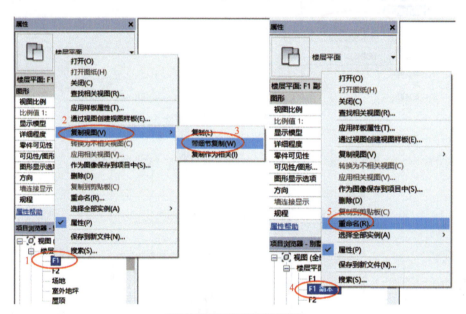

▲ 图 10-1 复制平面视图

在项目浏览器中下拉找到图纸工具,右击后选择"新建图纸",在"新建图纸"对话框中选择"A3 公制:A3",并将其名称修改为"一层平面图",如图 10-2 所示。

单击选中一层平面图,按住鼠标左键,拖拽该平面至空白图纸合适位置后松开鼠标。移动视图至图纸中央,修改图纸的名称和位置,如图 10-3 所示。在此过程中要注意调整图纸位置,并在相应被复制的楼层平面中调整尺寸标注以及立面视图符号,使之符合制图规范和行业标准。

10.1.2 输出图纸

打开应用程序菜单栏中的"导出"工具,选择"CAD 格式"—"DWG",弹出图纸输出设置栏,如图 10-4 所示。注意根据要求输出相应格式。

选择默认设置后单击"下一步"后修改合适的保存路径,修改图纸名称为"一层平面图"保存,即完成本项目中要求施工图的输出。

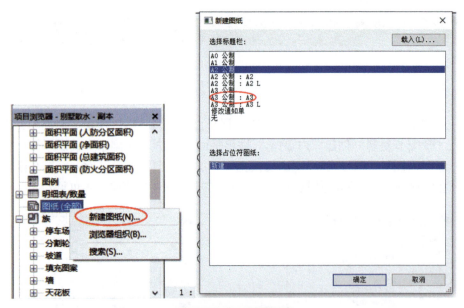

▲ 图 10-2　新建图纸

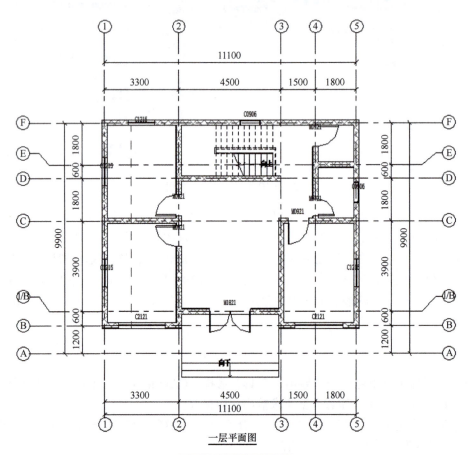

一层平面图

▲ 图 10-3　修改图纸

项目十　输出成果

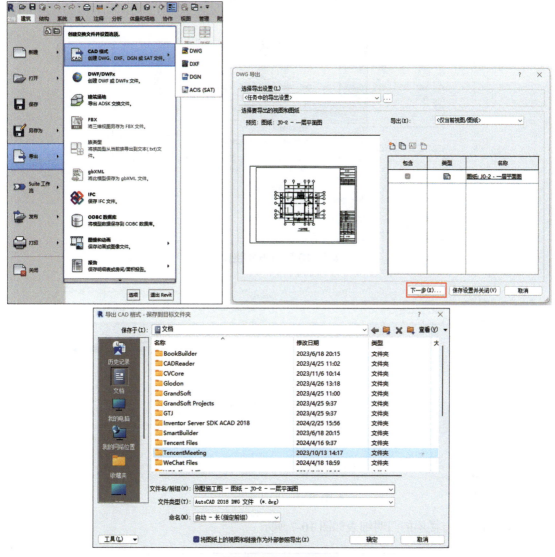

▲ 图 10-4　输出图纸

10.2　输出明细表

在 Revit 2018 中可输出所需构件的明细表，包括明细表/数量、图形柱明细表、材质提取、图纸列表、注释块、视图列表等形式。

10.2.1　输出门明细表

在"视图"面板中选中"明细表"下拉选项中的"明细表/数量"，新建明细表（图10-5），在"类别"栏中选择"门"，修改名称为"门明细表"，单

16- 明细表输出

67

击"确定"后进入"明细表属性"面板。在"可用的字段"中依次选择"类型标记""宽度""高度""合计"字段,如图10-6所示。

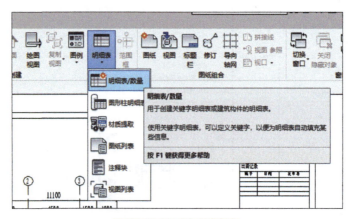

▲ 图 10-5　创建明细表

▲ 图 10-6　门明细表字段

本项目中所有楼层的门明细表如图 10-7 所示。

<门明细表>			
A	B	C	D
类型标记	宽度	高度	合计
M0721	700	2100	1
M0921	900	2100	1
M0921	900	2100	1
M0921	900	2100	1
M0921	900	2100	1
M1821	1800	2100	1
M0921	900	2100	1
M0921	900	2100	1
M0721	700	2100	1
M0721	700	2100	1
M2421	2400	2100	1
M2421	2400	2100	1
M2421	2400	2100	1

▲ 图 10-7　门明细表

10.2.2 输出窗明细表

在"视图"面板中选中"明细表"下拉选项中的"明细表/数量",新建明细表。在"类别"栏中选择"窗",修改名称为"窗明细表",单击"确定"后进入"明细表属性"面板。在"可用的字段"中依次选择"类型标记""底高度""宽度""高度""合计"字段,如图 10-8 所示。

除此之外,也可以在选择字段后在排列表中调整字段顺序,完成后的窗明细表如图 10-9 所示。

▲ 图 10-8　窗明细表字段

⟨窗明细表⟩				
A	B	C	D	E
类型标记	底高度	宽度	高度	合计
C0906	600	900	600	1
C0906	600	900	600	1
C2121	600	2100	2100	1
C2121	600	2100	2100	1
C1215	600	1200	1500	1
C1215	600	1200	1500	1
C1215	600	1200	1500	1
C1215	600	1200	1500	1
C1215	600	1200	1500	1
C1215	600	1200	1500	1
C0906	600	900	600	1
C0906	600	900	600	1

▲ 图 10-9　窗明细表

10.3　输出效果图

切换至三维视图,鼠标滚轮缩放模型至合适大小,选择"视图"面板中的"渲染"(图 10-10),调整质量设置为"中";背景为"天空:少云";照明方案为"室外:日光和人造光",如图 10-11 所示。单击"渲染"后"导出",修改文件名为"别墅效果图"并保存,如图 10-12 所示。

17- 渲染及漫游动画

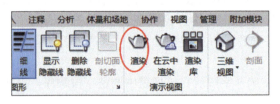

▲ 图 10-10 渲染

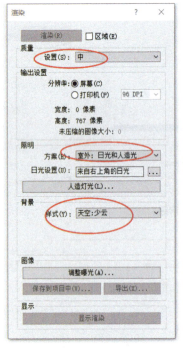

▲ 图 10-11 渲染参数

▲ 图 10-12 别墅效果图

别墅施工图

别墅效果图

小结

本项目是全书的重点之一,着重介绍了建筑总平面图、建筑平面图、建筑立面图等各类建筑施工图的图示方法和有关规定,并结合工程实例介绍了建筑施工图的图示内容、用途、绘制方法和识读技巧，是建筑设计、建筑施工的基础。效果图的创建可充分展现本项目信息化和可视化的特点，视觉效果简明直观，凸显项目风格。

建筑物是人类赖以生存的场所，在建筑物的设计、施工过程中，应贯彻"建筑节能""环境保护""绿色建筑"和"低碳经济"等理念，推进建筑领域向清洁低碳转型。

思考题

1. 门窗明细表如何调整字段顺序？
2. 关闭明细表后如何调取？
3. 效果图的分辨率如何调整？
4. 效果图渲染后不显示怎么办？
5. 渲染时光线方案有哪些？
6. 如何输出剖面图、节点详图？
7. 如何调整施工图比例尺寸？

项目十一

创建梁、柱、基础

教学目标

知识目标：
1. 理解梁、柱、基础在 Revit 中的创建方法和原理。
2. 熟悉 Revit 中梁、柱、基础的各种参数和设置。
3. 掌握 Revit 中梁、柱、基础的命名和分类。
4. 掌握框架结构传力途径以及约束方式。

能力目标：
1. 能够使用 Revit 创建各种类型的梁、柱、基础。
2. 能够调整 Revit 梁、柱、基础的尺寸和位置。
3. 能够设置 Revit 梁、柱、基础的材质和外观。
4. 能够对框架结构约束进行调节。

素质目标：
1. 培养细致的工作态度，确保结构建模的准确性。
2. 培养综合协调能力，将结构模型与其他土建构件协同合作。
3. 培养精益求精的工匠精神，能对结构框架细节进行设计以及优化。

18-结构梁及基础1

19-结构梁及基础2

Revit 2018 中为土建、结构以及机电提供了基本建模的样板文件，可结合各专业不同需要进行数据的汇总以及模型的创建。其中土建建模中主要的墙体、门窗、楼板、屋顶、楼梯以及其他零星构件已在前文中详细说明，此处不再赘述。结构建模主要包括梁、楼板、柱、基础以及钢筋的翻模。

11.1 创建梁

单击"结构"选项卡—"结构"面板— (梁)。在选项栏上指定放置平面，指定梁的结构用途。选择"三维捕捉"来捕捉任何视图中的其他结构图元。可在当前工作平面之外绘制梁。在启用了三维捕捉之后,不论高程如何,屋顶梁都将捕捉到柱的顶部。选择"链"以依次连续放置梁。按 <Esc> 键完成链式放置梁。当绘制梁时,光标将捕捉到其他结构图元(例如柱的质心或墙的中心线),状态栏将显示光标的捕捉位置。

若要在绘制时指定梁的精确长度,则可以单击起点,然后按其延伸的方向移动光标,输入所需长度,然后按 <Enter> 键以放置梁。

注意在结构构件建模时需要用结构样板文件;若用其他样板文件(如建筑样板)创建结构构件,这些结构构件会因建筑标高与结构标高的偏差而在视图中不可见,此时需要调整视图范围或调整构件约束高度。

梁的材质、尺寸等属性可在属性面板中进行编辑,在此不作赘述。

11.2 创建柱

在 Revit 2018 中,柱根据其是否为承载构件可分为结构柱与建筑柱,两者可分别在平面视图以及三维视图中添加。

接下来以小别墅项目为例,对柱进行翻模。

11.2.1 定义柱

切换至 F1 楼层平面。在功能区上,单击"结构"选项卡—"结构"面板— ▯(柱)"建筑"选项卡—"构建"面板—"柱"下拉列表— ▯(结构柱)。在"属性"选项板的"类型选择器"下拉列表中选择一种柱类型。结构柱横截面为边长 300mm 的正方形,材质为混凝土。

该结构柱为矩形截面,"类型选择器"中无此族类别,需要编辑类型中或者在项目中进行族的载入。在"类型属性"面板中选择"载入"—"结构"—"柱"—"混凝土 - 矩形 - 柱"载入该族,复制并修改名称为"300×300mm",将其横截面宽度、高度尺寸均修改为 300mm,如图 11-1 所示。

20- 创建柱

▲ 图 11-1 载入族

▲ 图 11-1 载入族（续）

11.2.2 放置柱

在选项栏上选择"放置后旋转"，这样可以在放置柱后立即将其旋转。在当前平面视图中，该楼层平面的标高即为柱的底部标高。"深度"将从柱的底部向下创建柱体。要从柱的底部向上绘制，需要选择"高度"，本项目中选择"高度"向上放置结构柱。选择柱的顶部标高，或者选择"未连接"，然后指定柱的高度。在柱平面图中放置柱。当柱放置在轴网交点时，两组网格线将亮显。根据平面布置图依次布置 F1 以及 F2 楼层中所有的结构柱，放置后调整柱外轮廓使其与墙体对齐。保存文件为"别墅柱 .rvt"，如图 11-2 所示。

别墅柱

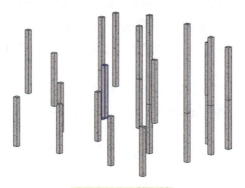

▲ 图 11-2 放置柱

11.3 创建基础

基础是建筑物的墙或柱子在地下的扩大部分，其作用是承受建筑物上部结构传下来的荷载，并把它们连同自重一起传给地基。

Revit 2018 系统族中有三类基础：独立基础、墙基础、板基础。其中独立基础一般上部连接有结构柱并依次传递荷载。墙基础即为条形基础，通过结构墙向下传递荷载，上部连接为墙体。板基础即为筏形基础，一般在地质条件为软弱土层或其他环境条件较差时应用。

项目十一　创建梁、柱、基础

在基础建模时一般需要先载入族，再进行参数定义以及构件的布置。

选择"结构"面板—"基础"—"独立"，在"类型属性"面板中选择"载入"—"结构"—"基础"—"独立基础—三阶"载入该族，复制并修改类型为"DJ-1"，然后依次修改其尺寸要求，如图 11-3 所示。

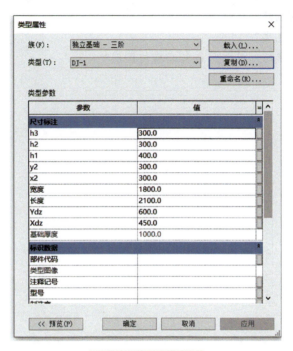

▲ 图 11-3　定义基础

结合基础平面布置图布置各类型基础，调整至三维视图，如图 11-4 所示。保存文件。

▲ 图 11-4　布置基础

小结

本项目为梁、柱、基础结构构件的建模内容，从以上构件的参数定义到软件建模流程进行了讲解。基于本项目中小别墅的结构构件，尤其对结构柱以及独立基础详细开展了教学。需要注意的是结构构件在建模时其约束是基于结构标高，不同子门窗等构件的建筑标高，须在参数定义时调节具体节点位置。柱下独基与墙下条基与上方柱体、墙体保持连接状态，必要时调节以上建筑构件的约束使之成为整体。

75

> **思考题**

1. 基础在当前视图不可见时应如何调整？
2. 如何快速批量创建柱？
3. 条形基础如何创建？
4. 基础可分为哪几类？
5. 梁的标高如何确定？其与楼板标高有何区别？

项目十二
概念体量

教学目标

知识目标：
1. 理解概念体量的概念及其在 Revit 中的作用。
2. 熟悉 Revit 中概念体量的创建工具和操作界面。
3. 掌握 Revit 中概念体量的各种参数和设置。

能力目标：
1. 能够使用 Revit 创建概念体量。
2. 能够调整 Revit 概念体量的尺寸和形状。
3. 能够对 Revit 概念体量进行材质和外观的设置。

素质目标：
1. 培养良好的 Revit 软件操作习惯，提高工作效率。
2. 培养综合协调能力，确保整个建筑设计的一致性和和谐性。
3. 培养精益求精的工匠精神，建模过程中根据设计反馈进行调整和优化。

概念体量是在 Revit 环境中的一个三维图形，用于探索和实验设计概念，不直接关联到建筑信息模型的具体元素。它可以被用来创建大块状结构，如建筑的外墙或楼层，而无须考虑结构细节。对于不受约束的形状中每个点、表面、边，在被选中后都会显示三维控件，通过该控件可沿着局部或者全面对以上形状进行拖拽，从而改变形状。

12.1 创建体量

概念体量的创建一般有两种途径：直接创建概念体量或在项目中内建体量，如图 12-1 所示。

在项目中内建体量可结合项目级别创建相应体量楼层，以此创建项目级别中的面墙、面屋顶、面楼板、幕墙系统等构件；新建概念体量则需将该体量载入项目中。

▲ 图 12-1 概念体量

12.1.1 体量形状

利用建筑样板新建项目并命名为"体量大厦",选择"体量和场地"面板中的"内建体量",在标高 1 楼层平面中选择合适的模型线绘制一个封闭的体量形状(图 12-2)。切换至标高 2 楼层平面,选择合适的模型线绘制一个封闭的体量形状。切换至三维视图,可见在不同标高楼层平面中已创建不同形状的封闭图形。在三维视图中框选以上图形,单击"创建形状"下拉栏中的"实心形状"即可生成该实心体量,如图 12-3 所示。可结合具体要求对体量中的各点进行拖拽,修改其几何形状。

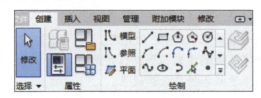

▲ 图 12-2 创建体量大厦

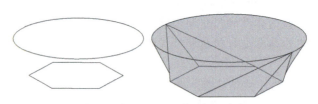

▲ 图 12-3 实心体量

12.1.2 体量参数

体量形状编辑完成后选中该体量,可在属性面板中编辑其材质以及其他参数,如设置材质为混凝土。具体操作同本书前文中构件材质参数的编辑,此处不再赘述。

12.2 实战真题

2022 年第一期　　2022 年第四期　　2023 年第一期　　2023 年第二期　　2023 年第三期　　2023 年第四期

12.2.1 2022 年第一期

2022 年第一期"1+X"建筑信息模型（BIM）职业技能等级考试（初级）实操试题第二题体量楼层模型，如图 12-4 所示。

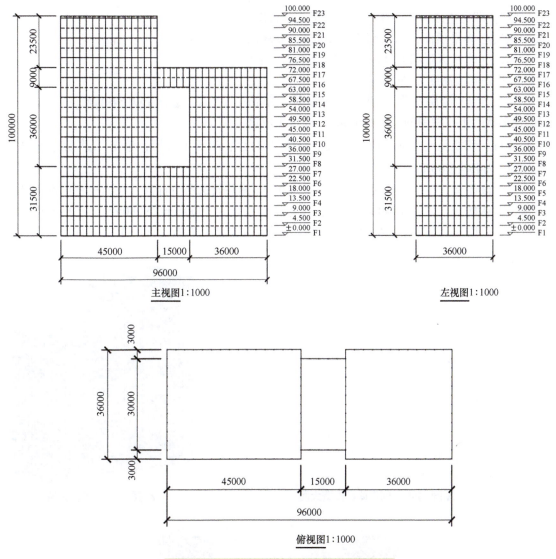

▲ 图 12-4 2022 年第一期实操试题第二题

参数要求：使用体量模型创建幕墙，幕墙系统为网格布局 3000mm×9000mm（横向竖梃间距为 3000mm，竖向竖梃间距为 9000mm）；竖梃均为圆形竖梃，半径为 50mm。创建常规屋顶，常规楼板，F8、F18、F23 屋顶以及各层楼板。

使用建筑样板文件新建项目并修改名称为"投资大厦"，在"项目浏览器"中打开东立面视图，修改其标高。单一复制创建标高比较耗时，此处用阵列（快捷键 <AR>）选中标高 2，不勾选"成组并关联"，项目数为 22，移动到第二个间距为 4500mm，确定后修改标高

23 高度为 100m，快速创建多个等间距的标高。选中"视图"面板中的"平面视图"—"楼层平面"，按住 <Shift> 键的同时可选中所有楼层标高，创建所有标高对应的楼层平面视图。切换至标高 1 楼层平面，选择"体量和场地"面板中的"内建体量"，在标高 1 楼层平面中创建体量形状，如图 12-5 所示。根据平面图选择合适的模型线绘制俯视图的形状。

选中 A 区，单击"创建形状"下拉栏中的"实心形状"，即可生成该实心体量。切换至三维视图，选中该实心体量顶面，修改高度为 100m。重复以上操作，创建 B 区形状并修改高度为 76.5m，创建 C 区形状并修改高度为 76.5m。

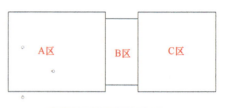

▲ 图 12-5 体量形状

切换至 F8 楼层平面，创建 B 区形状，单击"创建形状"下拉栏中的"空心形状"，即可生成该空心体量。切换至南立面视图，修改空心体量高度为 F8 至 F16 层，单击 ✓ 完成该体量的创建，如图 12-6 所示。

选中该体量，在"体量楼层"中按住 <Shift> 键并勾选所有标高，在面模型中选中默认屋顶、默认楼板，并在相应位置放置。设置幕墙系统为 3000mm×9000mm，网格上均设置竖梃，竖梃均为圆形竖梃，半径为 50mm，在指定位置进行布置，如图 12-7 所示。

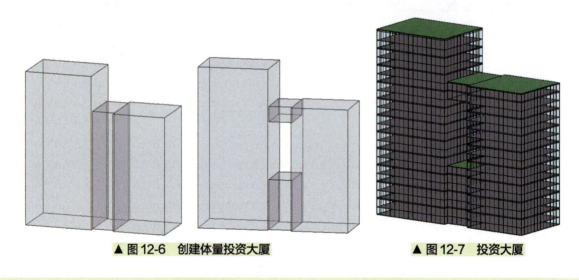

▲ 图 12-6 创建体量投资大厦　　　　　　▲ 图 12-7 投资大厦

21- 投资大厦

投资大厦

12.2.2　2022 年第四期

2022 年第四期"1+X"建筑信息模型（BIM）职业技能等级考试（初级）实操试题第二

题体量楼层模型，如图 12-8 所示。

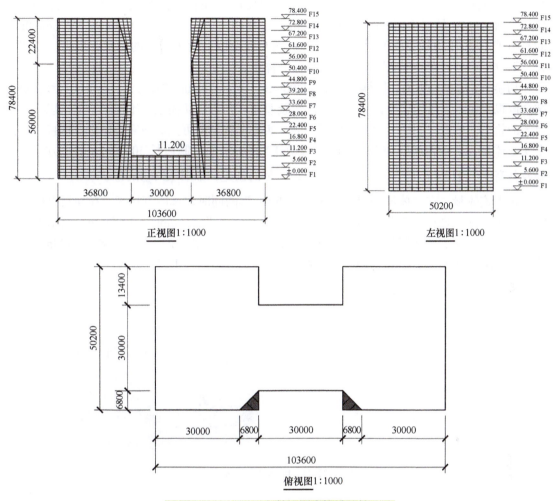

▲ 图 12-8 2022 年第四期实操试题第二题

参数要求：根据给定尺寸，创建环贸中心模型。

1）幕墙系统为网格布局 1500mm×3000mm（即横向网格间距为 1500mm，竖向网格间距为 3000mm），网格上均设置竖梃，竖梃均为圆形竖梃，半径 50mm。

2）屋顶为厚度 400mm 的"常规 –400mm"屋顶。

3）楼板为厚度 150mm 的"常规 –150mm"楼板。

该模型四周均为幕墙，创建 F3、F15 屋顶及各层楼板。

使用建筑样板文件新建项目并修改名称为"环贸中心"，在"项目浏览器"中打开东立面视图，修改其标高。单一复制创建标高比较耗时，此处用阵列（快捷键 <AR>）选中标高 2，不勾选"成组并关联"，项目数为 14，移动到第二个间距为 5600mm，确定后修改标高 15 高度为 78.4m，快速创建多个等间距的标高。选中"视图"面板中的"平面视图"—"楼层平面"，按住 <Shift> 键的同时可选中所有楼层标高，创建所有标高对应的楼层平面视图。切换至标高 1 楼层平面，选择"体量和场地"面板中的"内建体量"，在标高 1 楼层平面

81

中创建体量形状。根据平面图选择合适的模型线绘制俯视图的形状，即为长 50200mm、宽 36800mm 的长方形，结合俯视图在右下角切除边长 6800mm 的等腰直角三角形。切换至 F11 楼层平面（与 F1 楼层平面的距离为 56000mm），在相同位置绘制长 50200mm、宽 36800mm 的长方形（与 F1 边线重叠）。切换至三维视图，框选以上两个封闭的轮廓，单击"创建形状"下拉栏中的"实心形状"即可生成该实心体量。

切换至 F15 楼层平面，同样绘制长 50200mm、宽 36800mm 的长方形（与 F11 边线重叠），结合俯视图在右下角切除边长 6800mm 的等腰直角三角形。切换至三维视图，框选以上两个封闭的轮廓，单击"创建形状"下拉栏中的"实心形状"即可生成该实心体量。连接以上两个实心体量，并镜像间隔 30000mm。居中在 F1 楼层平面绘制边长 30000mm 的正方形，并修改其高度为 11200mm，单击 ✓ 完成该体量的创建，如图 12-9 所示。

选中该体量，在"体量楼层"中按住 <Shift> 键的同时勾选所有标高，在面模型中选中默认屋顶、默认楼板，在相应位置放置。设置幕墙系统为 1500mm × 3000mm，网格上均设置竖梃，竖梃均为圆形竖梃，半径 50mm。单击体量楼层创建 F3、F15 "常规 –400mm" 屋顶以及各层"常规 –150mm"楼板。保存以上模型文件，如图 12-10 所示。

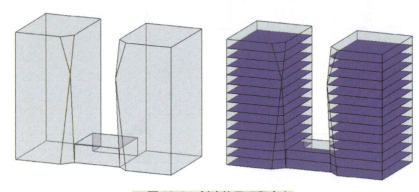

▲ 图 12-9　创建体量环贸中心

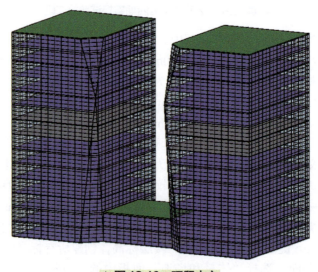

▲ 图 12-10　环贸中心

22- 环贸中心　　　　　　环贸中心

12.2.3　2023 年第一期

2023 年第一期 "1+X" 建筑信息模型（BIM）职业技能等级考试（初级）实操试题第二题体量楼层模型，如图 12-11 所示。

参数要求：根据给定尺寸，创建体量楼层模型。

1）面墙为 200mm 厚度的 "常规 –200mm" 面墙，定位线为 "面层面：外部"。

2）幕墙系统为 1200mm×2500mm（即横向网格间距为 1200mm，竖向网格间距为 2500mm），网格上均设置竖梃，竖梃均为圆形竖梃，半径 50mm。

3）屋顶为厚度 400mm 的 "常规 –400mm" 屋顶。

4）楼板为厚度 150mm 的 "常规 –150mm" 楼板。

创建 F6、F9 屋顶及各层楼板。

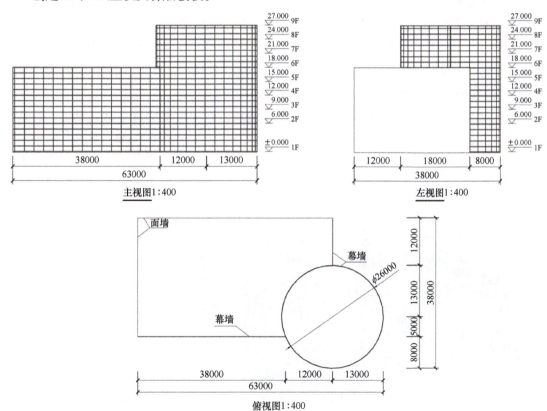

▲ 图 12-11　2023 年第一期实操试题第二题

使用建筑样板文件新建项目并修改名称为"体量楼层",在"项目浏览器"中打开东立面视图,修改其标高。用阵列(快捷键<AR>)选中标高2,不勾选"成组并关联",项目数为8,移动到第二个间距为3000mm,确定后修改F9高度为27m。选中"视图"面板中的"平面视图"—"楼层平面",按住<Ctrl>键的同时选中所有楼层标高,创建所有标高对应的楼层平面视图。切换至标高1楼层平面,选择"体量和场地"面板中的"内建体量",在标高1楼层平面中创建体量形状。根据平面图选择合适的模型线绘制一个封闭的体量楼层形状1,如图12-12所示。重复以上操作创建体量楼层形状2,如图12-13所示。

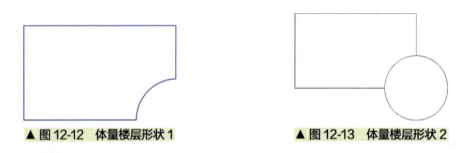

▲ 图12-12 体量楼层形状1　　　　　▲ 图12-13 体量楼层形状2

选中体量楼层形状1轮廓,单击"创建形状"下拉栏中的"实心形状"即可生成该实心体量。重复以上操作,创建体量楼层形状2中圆柱的实心体量。

切换至三维视图,按<Tab>键的同时选中矩形体量顶面,结合键盘修改该体量高度为18m,重复以上操作,修改圆形体量顶面高度为27m。连接以上形状,单击 ✓ 完成该体量的创建,如图12-14所示。

选中该体量,在"体量楼层"中勾选所有楼层,在面模型中选中默认墙体、默认屋顶、默认楼层,在相应位置放置。设置幕墙系统为1200mm×2500mm(即横向网格间距为1200mm,竖向网格间距为2500mm),网格上均设置竖梃,竖梃均为圆形竖梃,半径50mm,在指定位置进行布置,如图12-15所示。

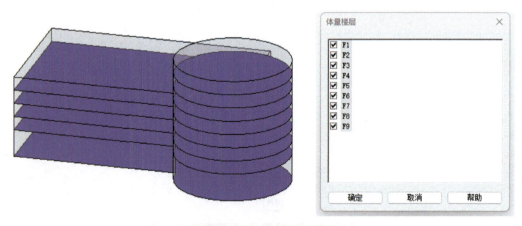

▲ 图12-14 体量楼层创建

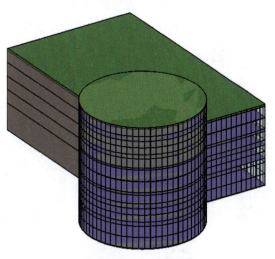

▲ 图 12-15　体量楼层

23-体量楼层　　　　　　体量楼层

12.2.4　2023 年第二期

2023 年第二期"1+X"建筑信息模型（BIM）职业技能等级考试（初级）实操试题第二题体量楼层模型，如图 12-16 所示。

参数要求：根据给定尺寸，创建体量楼层模型。

1）面墙为 300mm 厚度的"常规 –300mm"面墙，定位线为"面层面：外部"。

2）幕墙系统为 1500mm×3000mm（即横向网格间距为 1500mm，竖向网格间距为 3000mm），网格上均设置竖梃，竖梃均为圆形竖梃，半径 50mm。

3）屋顶厚度为 400mm 的"常规 –400mm"屋顶。

4）楼板为厚度 150mm 的"常规 –150mm"楼板。

二至二十三层层高为 3.8m，创建屋顶及各层楼板。

使用建筑样板文件新建项目并修改名称为"保利大厦"，在"项目浏览器"中打开东立面视图，修改其标高 2 为 6.4m。单一复制创建标高比较耗时，此处用阵列（快捷键 <AR>）选中标高 2，不勾选"成组并关联"，项目数为 22，移动到第二个间距为 3800mm，确定后修改 F23 高度为 86.2m，快速创建多个等间距的标高。选中"视图"面板中的"平面视图"—"楼层平面"，按住 <Shift> 键的同时可选中所有楼层标高，创建所有标高对应的楼层平面视图。切换至标高 1 楼层平面，选择"体量和场地"面板中的"内建体量"，在标高 1 楼层平面中创建体量形状。根据平面图选择合适的模型线，绘制俯视图的形状，即为边长 100m 的正方形，结合俯视图在右上角切除边长 80m 的等腰直角三角形。选中轮廓，单击"创建形状"下拉栏中的"实心形状"，即可生成该实心体量。选中体量顶面，修改其高度为 105m。

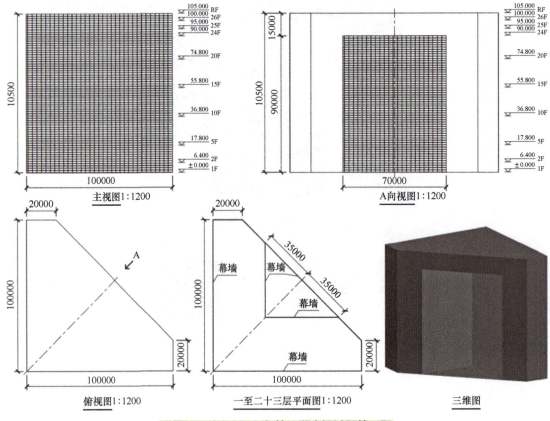

▲ 图 12-16 2023 年第二期实操试题第二题

切换至 F1 楼层平面，同样绘制斜边长为 70m 的等腰直角三角形（与 F1 边线重叠）。选中轮廓，单击"创建形状"下拉栏中的"空心形状"，即可生成该空心体量。选中空心体量顶面并修改其高度为 90m，单击 ✓ 完成该体量的创建，如图 12-17 所示。

▲ 图 12-17 体量模型

选中该体量，在"体量楼层"中按住 <Shift> 键并勾选所有标高，在面模型中选中默认屋顶、默认楼板，在相应位置放置。单击体量楼层创建屋顶以及各层"常规 –150mm"楼板。设置幕墙系统为 1500mm × 3000mm，网格上均设置竖梃，竖梃均为圆形竖梃，半径 50mm。保存以上模型文件，如图 12-18 所示。

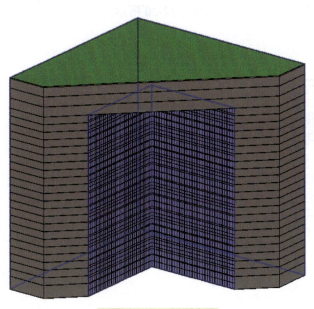

24- 保利大厦

保利大厦

▲ 图 12-18　保利大厦

12.2.5　2023 年第三期

2023 年第三期"1+X"建筑信息模型（BIM）职业技能等级考试（初级）实操试题第二题体量楼层模型，如图 12-19 所示。

参数要求：根据给定尺寸，创建体量楼层模型。

1）幕墙系统为 1500mm × 3000mm（即横向网格间距为 3000mm，竖向网格间距为 1500mm），网格上均设置竖梃，竖梃均为圆形竖梃，半径 50mm。

2）屋顶为厚度 400mm 的"常规 –400mm"屋顶。

3）楼板为厚度 150mm 的"常规 –150mm"楼板。

4）墙体为厚度 200mm 的"常规 –200mm"面墙，定位线为"面层面：外部"。

该建筑只有正面为幕墙，其余均为墙体，层高 4.7m，创建 F4、F19 屋顶以及各层楼板。

使用建筑样板文件新建项目并修改名称为"帆船酒店"，在"项目浏览器"中打开东立面视图，修改其标高 2 为 4.7m。单一复制创建标高比较耗时，此处用阵列（快捷键 <AR>）选中标高 2，不勾选"成组并关联"，项目数为 18，移动到第二个间距为 4700mm，确定后修改 F19 高度为 84.6m，快速创建多个等间距的标高。选中"视图"面板中的"平面视图"—"楼层平面"，按住 <Shift> 键的同时可选中所有楼层标高，创建所有标高对应的楼层平面视图。切换至标高 1 楼层平面，选择"体量和场地"面板中的"内建体量"，在标高 1 楼层平面中创建任意大小的长方形体量形状并选中生成实心形状，用于辅助参照物。切换至左视图，绘制底为30m、顶为35m、高为14.1m的直角梯形，选中轮廓，单击"创建形状"下拉栏中的"实心形状"，即可生成该实心体量。切换至三维视图，修改其拉伸宽度为52m。在左视图绘制上部船帆形状，选中轮廓，单击"创建形状"下拉栏中的"实心形状"，即可生成该实心体量。切换至三维视图，修改其拉伸宽度为36m，并整体移动至居中及两边偏移8m，单击 ✓ 完成该体量的创建，如图12-20所示。

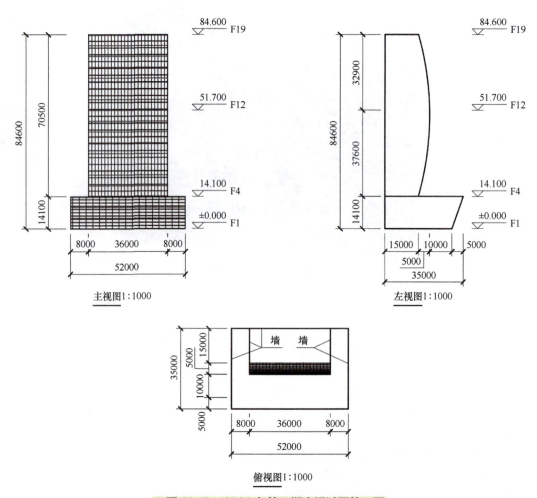

▲ 图12-19 2023年第三期实操试题第二题

选中该体量，在"体量楼层"中按住<Shift>键并勾选所有标高，在面模型中选中默认屋顶、默认楼板，在相应位置放置。单击体量楼层创建屋顶以及各层"常规–150mm"楼板。设置幕墙系统为1500mm×3000mm，网格上均设置竖梃，竖梃均为圆形竖梃，半径50mm。保存以上模型文件，如图12-21所示。

12.2.6 2023年第四期

2023年第四期"1+X"建筑信息模型（BIM）职业技能等级考试（初级）实操试题第二

题体量楼层模型，如图 12-22 所示。

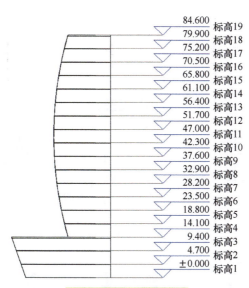

▲ 图 12-20　体量模型

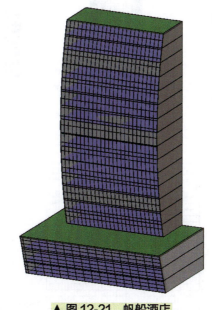

▲ 图 12-21　帆船酒店

25- 帆船酒店

帆船酒店

参数要求：根据给定尺寸，创建体量楼层模型。

1）面墙为 300mm 厚度的"常规 -300mm"面墙，定位线为"面层面：外部"。

2）幕墙系统为 1500mm×3000mm（即横向网格间距为 3000mm，竖向网格间距为 1500mm），网格上均设置竖梃，竖梃均为圆形竖梃，半径 50mm。

3）屋顶为厚度 400mm 的"常规 -400mm"屋顶。

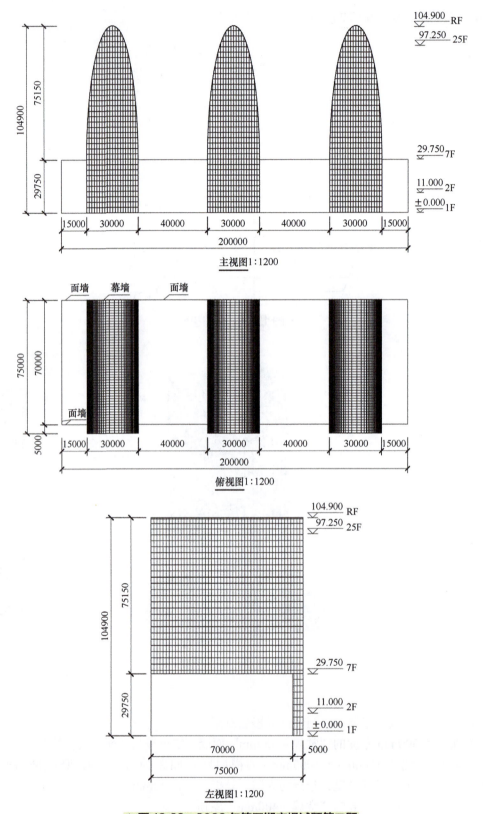

▲ 图12-22 2023年第四期实操试题第二题

4）楼板为厚度150mm的"常规–150mm"楼板。

二至二十三层层高为3.75m，创建屋顶及各层楼板，裙房外墙均为面墙。

使用建筑样板文件新建项目并修改名称为"西环广场"，在"项目浏览器"中打开东立面视图，修改其标高2为11m。单一复制创建标高比较耗时，此处用阵列（快捷键<AR>）选中标高2，不勾选"成组并关联"，项目数为23，移动到第二个间距为3750mm，确定后修改F25高度为97.25m，快速创建多个等间距的标高，复制顶楼标高为104.9m。选中"视图"面板中的"平面视图"—"楼层平面"，按住<Shift>键的同时可选中所有楼层标高，创建所有标高对应的楼层平面视图。切换至标高1楼层平面，选择"体量和场地"面板中的"内建体量"，在标高1楼层平面中创建体量形状。根据平面图选择合适的模型线，绘制俯视图的长方形形状。选中轮廓，单击"创建形状"下拉栏中的"实心形状"，即可生成该实心体量。选中体量顶面，修改其高度为29.75m。

切换至南立面视图，结合椭圆模型线绘制上部形状并复制间距为70m。选中轮廓，单击"创建形状"下拉栏中的"实心形状"，即可生成该实心体量并修改宽度，单击 ✓ 完成该体量的创建，如图12-23所示。

选中该体量，在"体量楼层"中按住<Shift>键并勾选所有标高，在面模型中选中默认屋顶、默认楼板，在相应位置放置。单击体量楼层创建屋顶以及各层"常规–150mm"楼板。设置幕墙系统为1500mm×3000mm，网格上均设置竖挺，竖挺均为圆形竖挺，半径50mm。保存以上模型文件，如图12-24所示。

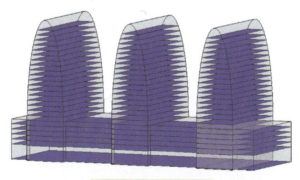

▲ 图12-23 体量模型

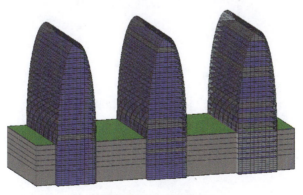

▲ 图12-24 西环广场

26-西环广场

西环广场

小结

本项目讲解了概念体量的基本创建流程，结合"1+X"建筑信息模型职业技能等级考试（初级）实操真题中体量的考题分析了体量在体量楼层、体量幕墙、投资大厦等的应用实例。结合体量在空间中创建的几何形状以及在项目中楼层的创建，逐步依据项目要求添加墙体、楼板、屋顶等相应构件。在练习过程中，需要注意三视图的识读以及空间的连续与连接。注意在创建体量幕墙系统时，因其图元较多，故建议在最后添加幕墙系统，以保证建模过程的流畅性。

思考题

1. 如何分割体量表面？
2. 如何在任意角度裁剪体量面？
3. 体量中如何创建异形表面？
4. 曲面墙如何创建？
5. 如何创建体量楼层？
6. 如何连接相交的空间体量？

项目十三
参数化族

教学目标

知识目标：
1. 理解参数化族的概念及其在 Revit 项目中的作用。
2. 熟悉 Revit 中创建和编辑参数化族的工具和界面。
3. 掌握 Revit 中参数化族的属性设置和动态关联。

能力目标：
1. 能够创建基本的参数化族，如常规模型。
2. 能够设置参数化族的参数和约束，实现动态变化。
3. 能够将参数化族应用于 Revit 项目中，提高设计效率和准确性。

素质目标：
1. 培养良好的 Revit 软件操作习惯，提高工作效率。
2. 培养宏观逻辑思维能力，便于理解参数化族在实际项目中的应用。
3. 培养团队协作能力和沟通表达能力，处理不同项目用同一参数化族的问题。

Revit 软件为空间结构设计提供了各种可能，族工具的应用就是其中之一。族是 Revit 中有空间三维形态以及具体材质的单元体，可通过系统族载入项目中。Revit 族库把大量 Revit 族按照特性、参数等属性分类归档。

13.1 族工具

族的创建有两种途径，一种为在族中新建"公制常规模型"（图 13-1），另一种为在项目中"内建模型"。采用第二种途径时，在各个选项卡中均可创建。例如，在"建筑"选项卡中创建族时，单击"建筑"选项卡—"构建"面板—"构件"下拉列表— （内建模型）即可。在"族类别和族参数"对话框中，为图元选择一个类别（通常为"公制常规模型"），然后单击"确定"，可以使用族编辑器工具创建内建图元，如图 13-2 所示。完成内建图元的创建之后，单击"完成模型"。

▲ 图 13-1　新建族

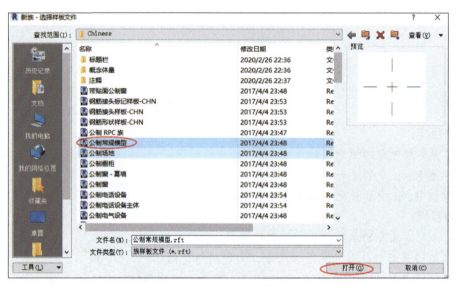

▲ 图 13-2　创建族

13.1.1　拉伸

在 Revit 软件中，同一横截面的构件可以通过"拉伸"工具进行空间结构的创建。可以在工作平面上绘制形状的二维轮廓，然后拉伸该轮廓，使其与绘制它的平面垂直。在拉伸形状之前，可以指定其起点和终点，以增大或减小该形状的深度。默认情况下，拉伸起点是 0。工作平面不必作为拉伸的起点或终点，它只用于绘制草图及设置拉伸方向。以下步骤是创建实心拉伸或空心拉伸的常规方法。

在"族编辑器"中的"创建"选项卡—"形状"面板上单击 ▯（拉伸）可创建实心拉伸，单击"空心形状"下拉列表— ▯（空心拉伸）可创建空心拉伸。单击"创建"选项卡—"工作平面"面板— ▦（设置）。使用绘制工具绘制拉伸轮廓：要创建单个实心形状，需要绘制一个闭合环。要创建多个形状，需要绘制多个不相交的闭合环。在"属性"选项板上，指定拉伸属性：要从默认起点 0 拉伸轮廓，需要在"限制条件"下的"拉伸终点"中输入一个正/负拉伸深度。此值将更改拉伸的终点。要从不同的起点拉伸，需要在"限制条件"下输入新值作为拉伸起点。要设置实心拉伸的可见性，需要在"图形"下，单击"可见性/图形替换"对应的"编辑"，然后指定可见性设置。按类别将材质应用于实心拉伸，在"材质和装饰"下单击"材质"字段，单击 ▭，然后指定材质。要将实心拉伸指定

给子类别，在"标识数据"下选择子类别，单击"应用"。单击"修改|创建拉伸"选项卡—"模式"面板—✓（完成编辑模式），Revit 将完成拉伸，并返回开始创建拉伸的视图。查看拉伸，需打开三维视图。要在三维视图中调整拉伸大小，需要选择并使用夹点进行编辑。

> **提示：**
> 创建拉伸之后，将不再保留拉伸深度。如果需要生成具有同一终点的多个拉伸，需要绘制拉伸图形，然后选择它们，再应用该终点。

13.1.2 融合

融合工具可将两个轮廓（边界）融合在一起。例如，绘制一个大矩形，并在其顶部绘制一个小矩形，则 Revit 会将这两个形状融合在一起。用融合工具创建实心三维形状时，该形状将沿其长度发生变化，从起始形状融合到最终形状。以下步骤是创建实心融合或空心融合的常规方法。

在"族编辑器"中的"创建"选项卡—"形状"面板上，单击 🔲（融合）可创建实心融合，单击"空心形状"下拉列表—🔲（空心融合）可创建空心融合。单击"创建"选项卡—"工作平面"面板—🔲（设置）。在"修改|创建融合底部边界"选项卡上，使用绘制工具绘制融合的底部边界，例如绘制一个正方形。如果要指定从默认起点 0 开始计算的深度，那么在"属性"选项板上，需要在"约束"的"第二端点"中输入一个值。如果要指定从 0 以外的起点开始计算的深度，那么在"属性"选项板上，需要在"约束"的"第二端点"和"第一端点"中输入值。使用底部边界完成后，在"修改|创建融合底部边界"选项卡—"模式"面板上单击 🔲（编辑顶部）。在"修改|创建融合顶部边界"选项卡上，绘制融合顶部的边界，例如绘制另一个方形。如有必要，需要编辑顶点连接，以控制融合体中的扭曲量：在"修改|创建融合顶部边界"选项卡上，单击"模式"面板—🔲（编辑顶点），在其中一个融合草图上的顶点将变得可用。

要在另一个融合草图上显示顶点，需要在"编辑顶点"选项卡—"顶点连接"面板上，单击 🔲（底部控件）或 🔲（顶部控件）—当前未选择的选项。单击某个控制柄，该线变为一条连接实线。一个填充的蓝色控制柄会显示在连接线上。

单击实心体控制柄以删除连接，则该线将恢复为带有开放式圆点控制柄的虚线。当单击控制柄时，可能会有一些边缘消失，并会出现另外一些边缘。在"顶点连接"面板上，单击 🔲（向右扭曲）或 🔲（向左扭曲），可以沿顺时针方向或逆时针方向扭曲选定的融合边界。在"属性"选项板上，指定融合属性：要设置实心融合的可见性，需要在"图形"下，单击"可见性/图形替换"对应的"编辑"，然后指定可见性设置。要按类别将材质应用于实心融合，需要在"材质和装饰"下单击"材质"字段，单击 🔲，然后指定材质。要将实心融合指定给子类别，需要在"标识数据"下选择子类别。单击"应用"，单击"修改|创建融合顶部边界"选项卡—"模式"面板—✓（完成编辑模式）。要查看融合，需要打开三维视图。要在三维视图中调整融合大小，需要选择并使用夹点进行编辑。

> 提示：
> 1. 如有必要，需要在绘制融合前设置工作平面。
> 2. 如果已指定了值，在创建融合体的过程中系统将不保留端点值。如果需要使用同一端点进行多重融合，则首先绘制融合体，然后选择它们，最后再应用该端点。

13.1.3 放样

通过沿路径放样二维轮廓，可以创建三维形状。以下步骤是创建实心放样或空心放样的常规方法。

在"族编辑器"中的"创建"选项卡—"形状"面板上，单击 （放样）可创建实心放样，单击"空心形状"下拉列表— （空心放样）可创建空心放样。单击"创建"选项卡—"工作平面"面板— （设置）。指定放样路径：如果要为放样绘制新的路径，那么需要单击"修改 | 放样"选项卡—"放样"面板— （绘制路径）。路径既可以是单一的闭合路径，也可以是单一的开放路径，但不能有多条路径。路径可以是直线和曲线的组合。若要为放样选择现有的路径，需要单击"修改 | 放样"选项卡—"放样"面板— （拾取路径）。

通过"拾取路径"工具可以制作使用多个工作平面的放样。若要选择现有几何图形的边，需要单击"拾取三维边"。或者拾取现有绘制线，观察状态栏以了解正在拾取的对象。该拾取方法自动将绘制线锁定到正拾取的几何图形上，并允许在多个工作平面中绘制路径，以便绘制出三维路径。在"模式"面板上，单击 （完成编辑模式），载入或绘制轮廓。

单击"修改 | 放样"选项卡—"放样"面板，确认"<按草图>"已经显示出来，然后单击 （编辑轮廓）。如果显示"进入视图"对话框，则选择要从中绘制该轮廓的视图，然后单击"确定"。例如，在平面视图中绘制路径，应选择立面视图来绘制轮廓。该轮廓可以是单个闭合环形，也可以是不相交的多个闭合环形。在靠近轮廓平面和路径的交点附近绘制轮廓，单击"修改 | 放样"—"模式"— （完成编辑模式）。在"属性"选项板上，指定放样属性。要设置实心放样的可见性，需要在"图形"下，单击"可见性 / 图形替换"对应的"编辑"，然后指定可见性设置。要按类别将材质应用于实心放样，需要在"材质和装饰"下单击"材质"字段，单击 ，然后指定材质。要将实心放样指定给子类别，需要在"标识数据"下选择子类别。单击"应用"，在"模式"面板上单击 （完成编辑模式）。

> 提示：
> 如有必要，需要在绘制放样之前设置工作平面。

13.1.4 旋转

旋转是指围绕轴旋转某个造型而创建的形状。可以旋转形状一周或不到一周。通过绕轴放样二维轮廓，可以创建三维形状。如果轴与旋转造型接触，则会产生一个实心几何图形。

如果轴与旋转造型不接触，则会产生一个空心几何图形。以下是旋转创建几何图形的常规方法。

在"族编辑器"中的"创建"选项卡—"形状"面板上，单击 可创建实心旋转，单击"空心形状"下拉列表— 可创建空心旋转。单击"创建"选项卡—"工作平面"面板— 。放置旋转轴：在"修改 | 创建旋转"选项卡—"绘制"面板上，单击 。在所需方向上指定轴的起点和终点。使用绘制工具绘制旋转造型：单击"修改 | 创建旋转"选项卡—"绘制"面板— 。要创建单个旋转，需要绘制一个闭合环。要创建多个旋转，需要绘制多个不相交的闭合环。在"属性"选项板上，更改旋转的属性：若修改要旋转的几何图形的起点和终点，则需要输入新的"起始角度"和"结束角度"；若要设置实心旋转的可见性，则需要在"图形"下，单击"可见性/图形替换"对应的"编辑"。若要按类别将材质应用于实心旋转，则需要在"材质和装饰"下单击"材质"字段，然后单击 ![]以指定材质。若要将实心旋转指定给子类别，则需要在"标识数据"下选择子类别。单击"应用"，在"模式"面板上，单击 。

如果要查看旋转，需要打开三维视图。要在三维视图中调整旋转大小，需要选择并使用夹点进行编辑。

> **提示：**
> 1. 如有必要，需要在绘制旋转之前设置工作平面。
> 2. 不能将起始面和结束面拖拽旋转 360°。

13.1.5 放样融合

放样融合的形状由起始形状、最终形状和指定的二维路径确定。通过放样融合工具可以创建具有两个不同轮廓的融合体，然后沿某个路径对其进行放样。下面是创建放样融合的常规方法。

在"族编辑器"中的"创建"选项卡—"形状"面板上，单击 创建实心放样融合，或单击"空心形状"下拉列表— 创建空心放样融合。单击"创建"选项卡—"工作平面"面板— 。在"修改 | 放样融合"选项卡—"放样融合"面板上，单击 可以为放样融合绘制路径，单击 可以为放样融合拾取现有线和边。若要选择其他实心几何图形的边（例如拉伸或融合体），则需要单击"拾取路径"。或者拾取现有绘制线，观察状态栏以了解正在拾取的对象。该拾取方法自动将绘制线锁定到正在拾取的几何图形，并允许在多个工作平面中绘制路径，以便绘制出三维路径。在"模式"面板上，单击 。

在"放样融合"面板中，确认已选择 <按草图>，然后单击 。如果显示"进入视图"对话框，则选择要从中绘制该轮廓的视图，然后单击"确定"。可以使用"修改 | 放样融合"—"编辑轮廓"选项卡上的工具来绘制轮廓。轮廓必须是闭合环。在"模式"面板上，单击 。

单击"修改|放样融合"选项卡—"放样融合"面板— （选择轮廓2）。使用以上步骤载入或绘制轮廓2。也可以选择编辑顶点连接，控制放样融合中的扭曲量。在平面或三维视图中都可编辑顶点连接。在"修改|放样融合"选项卡—"放样融合"面板上，单击 （编辑顶点）。在"编辑顶点"选项卡—"顶点连接"面板上，选择 （底部控件）或 （顶部控件）。在绘图区域中，单击蓝色控制柄移动顶点连接。在"顶点连接"面板上，单击 （向右扭曲）和 （向左扭曲）工具，以扭曲放样融合。完成后，单击"模式"面板— （完成编辑模式）。

在"属性"选项板中，指定放样融合的属性：要设置实心放样融合的可见性，需要在"图形"下，单击"可见性/图形替换"对应的"编辑"，然后指定可见性设置。要将材质应用于实心放样融合，需要在"材质和装饰"下单击"材质"字段，单击 ，然后指定材质。要将实心放样融合指定给子类别，需要在"标识数据"下选择子类别，单击"应用"。

> **提示：**
> 1. 如有必要，需要在为放样融合绘制或拾取路径之前，设置工作平面。
> 2. 放样融合路径只能有一段。

13.2 实战真题

13.2.1　2021年第一期

2021年第一期"1+X"建筑信息模型（BIM）职业技能等级考试（初级）实操试题第一题，如图13-3所示。

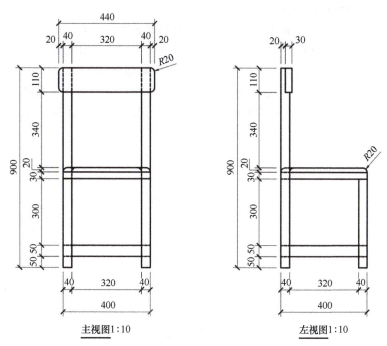

▲ 图13-3　2021年第一期实操试题第一题

要求：根据给定尺寸创建椅子模型，坐垫材质为皮革，其余部位材质为红木。

新建族选择"公制常规模型"并命名为"椅子"。

在参照平面用"拉伸"创建椅腿部分。选择"拉伸"结合主视图绘制边长为40mm的正方形，在"属性"面板中修改拉伸起点约束为0mm，修改拉伸终点约束为900mm，在属性面板中修改材质为"红木"，单击 ✓ 完成创建。复制以上椅腿并修改间距为320mm。复制以上两根椅腿并修改终点约束为400mm。

在参照平面中用"拉伸"创建椅腿连接梁。结合主视图和左视图创建梁轮廓，在"属性"面板中修改拉伸起点约束和拉伸终点约束，在"属性"面板中修改材质为"红木"，单击 ✓ 完成创建。

切换至前立面视图，用"拉伸"创建靠背板。选择"拉伸"结合主视图绘制靠背板轮廓，在"属性"面板中修改拉伸起点约束为0mm，修改拉伸终点约束为30mm，修改材质为"红木"，单击 ✓ 完成创建。

在前立面视图中用"拉伸"创建坐垫板。结合主视图和左视图创建坐垫板轮廓，在"属性"面板中修改拉伸起点约束和拉伸终点约束，在"属性"面板中修改材质为"红木"，单击 ✓ 完成创建。

在前立面视图中用"放样"创建坐垫。选择"放样"—"拾取路径"，拾

27-椅子

取直径为 400mm 的正方形，单击 ✓ 完成路径绘制。单击"选择轮廓"—"编辑轮廓"打开左视图，结合左视图绘制坐垫轮廓（高为 20mm，长为 200mm，有半径为 20mm 的倒圆角）。在"属性"面板中修改材质为"皮革"，单击 ✓ 完成创建。

  2021 年第一期"1+X"建筑信息模型（BIM）职业技能等级考试（初级）实操试题第二题，如图 13-4 所示。

椅子

  要求：创建水气分离模型，三个基脚角度为 120°，材质为"不锈钢"。

  新建族选择"公制常规模型"并命名为"水气分离器"。

  在前立面视图中用"旋转"创建分离器筒体部分。选择"轴线"—"拾取线"，选择中心线为旋转轴。选择"边界线"绘制筒体主视图中的左半部分轮廓。在"属性"面板中修改材质为"不锈钢"，单击 ✓ 完成形状创建。

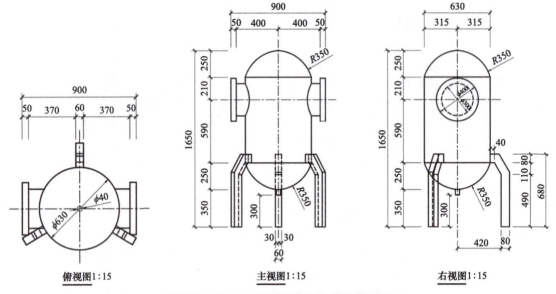

▲ 图 13-4 2021 年第一期实操试题第二题

  切换至右视图，用"拉伸"创建分离通道。选择"拉伸"结合右视图绘制半径为 200mm 的圆形，在"属性"面板中保留拉伸起点约束为 0mm，修改拉伸终点约束为 50mm，修改材质为"不锈钢"，单击 ✓ 完成创建。选择"拉伸"结合右视图绘制半径为 150mm 的圆形，在"属性"面板中保留拉伸起点约束为 50mm，修改拉伸终点约束为 150mm，修改材质为"不锈钢"，单击 ✓ 完成创建。镜像以上两部分管道并修改约束长度。

  在右视图中用"拉伸"创建基脚。选择"拉伸"结合右视图绘制基脚轮廓，在"属性"面板中保留拉伸起点约束为 30mm，修改拉伸终点约束为 –30mm，修改材质为"不锈钢"，单击 ✓ 完成创建。复制以上基脚并旋转角度为 120°，保存模型，如图 13-5 所示。

13.2.2 2021 年第二期

  2021 年第二期"1+X"建筑信息模型（BIM）职业技能等级考试（初级）实操试题第一题，如图 13-6 所示。

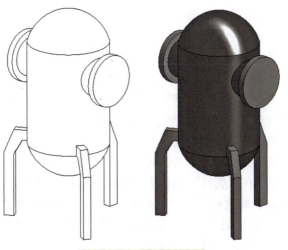

28- 水气分离器

水气分离器

▲ 图 13-5 水气分离器

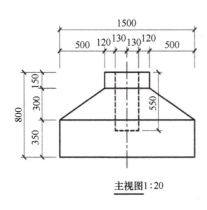

主视图 1:20

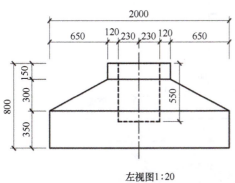

左视图 1:20

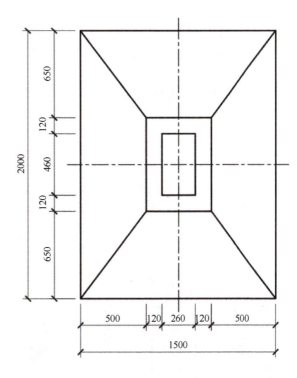

俯视图 1:20

▲ 图 13-6 2021 年第二期实操试题第一题

要求：创建柱基模型，整体材质为"混凝土"。

新建族选择"公制常规模型"并命名为"柱基"。

在参照平面用"拉伸"创建基础底部。选择"拉伸"结合三视图绘制长 2000mm、宽 1500mm 的长方形，在"属性"面板中保留拉伸起点约束为 0mm，修改拉伸终点约束为 350mm，修改材质为"混凝土"，单击 ✓ 完成创建。

柱基模型

柱基

在参照平面中用"融合"创建模型。选择"融合",在"编辑顶部"状态下拾取基础轮廓,单击"编辑底部",绘制长为700mm、宽为500mm的长方形,在"属性"面板中修改第一端点约束为350,修改第二端点约束为底座高度650mm,修改材质为"花岗岩",单击 ✓ 完成创建。

在参照平面中用"拉伸"创建基础顶部。选择"拉伸"结合三视图拾取轮廓,在"属性"面板中保留拉伸起点约束为650mm,修改拉伸终点约束为800mm,修改材质为"混凝土",单击 ✓ 完成创建。

在参照平面中用"空心拉伸"创建空心柱体。选择"空心拉伸"结合三视图绘制轮廓,在"属性"面板中保留拉伸起点约束为250mm,修改拉伸终点约束为800mm,修改材质为"混凝土",单击 ✓ 完成创建。

2021年第二期"1+X"建筑信息模型(BIM)职业技能等级考试(初级)实操试题第二题,如图13-7所示。

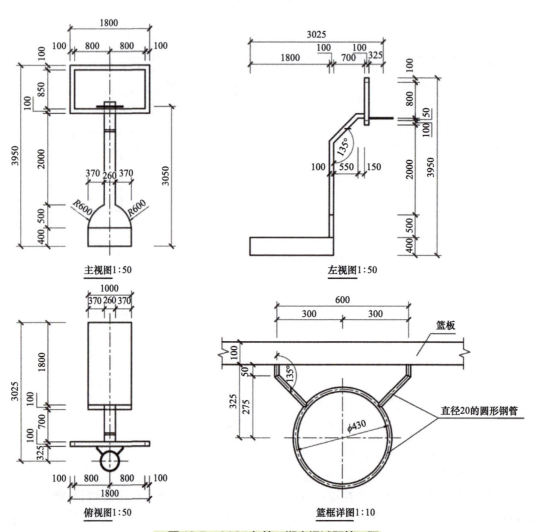

▲ 图13-7 2021年第二期实操试题第二题

要求：创建篮球架，篮板内侧材质为"玻璃"，篮板外侧材质为"油漆面层，象牙白"，篮框材质为"油漆面层，红色"，其余材质为"油漆面层，青色"。

新建族选择"公制常规模型"并命名为"篮球架"。

在参照平面中用"拉伸"创建底座。选择"拉伸"结合三视图绘制长1900mm、宽1000mm的长方形，在"属性"面板中保留拉伸起点约束为0mm，修改拉伸终点约束为400mm，修改材质为"油漆面层，青色"，单击 ✓ 完成创建。

切换至前立面视图，用"拉伸"创建篮球架柱体模型。选择"拉伸"结合三视图绘制轮廓，在"属性"面板中保留拉伸起点约束为0mm，修改拉伸终点约束为100mm，修改材质为"油漆面层，青色"，单击 ✓ 完成创建。

切换至左视图，用"拉伸"创建篮球架斜柱部分。选择"拉伸"结合三视图绘制轮廓，在"属性"面板中保留拉伸起点约束为130mm，修改拉伸终点约束为–130mm，修改材质为"油漆面层，青色"，单击 ✓ 完成创建。

切换至前立面视图，用"实心拉伸"与"空心拉伸"创建篮板。选择"拉伸"结合三视图绘制轮廓，在"属性"面板中保留拉伸起点约束为0mm，修改拉伸终点约束为100mm，修改材质为"油漆面层，象牙白"，单击 ✓ 完成创建。用"拉伸"创建篮板内侧。选择"拉伸"结合三视图绘制轮廓，在"属性"面板中保留拉伸起点约束为0mm，修改拉伸终点约束为100mm，修改材质为"玻璃"，单击 ✓ 完成创建。

切换至参照平面视图，用"放样"创建篮框部分。选择"放样"—"绘制路径"，绘制直径为430mm的圆形，单击 ✓ 完成路径绘制。单击"选择轮廓"—"编辑轮廓"打开左视图，结合主视图绘制底盘轮廓（直径20mm的圆形）。在"属性"面板中修改材质为"钢管"，连续单击 ✓ 完成创建。对篮框支架用"放样"重复以上操作创建模型，如图13-8所示。

> **提示：**
> 必要时需要作参照平面用于辅助定位。

▲ 图13-8 篮球架

13.2.3 2021年第三期

2021年第三期"1+X"建筑信息模型（BIM）职业技能等级考试（初级）实操试题第一题，如图13-9所示。

要求：创建混凝土空心砖，材质为混凝土。

新建族选择"公制常规模型"并命名为"空心砖"。

在参照平面中用"拉伸"创建模型。选择"拉伸"结合俯视图绘制轮廓，在"属性"面板中保留拉伸起点约束为0mm，修改拉伸终点约束为190mm，修改材质为"混凝土"，单击 ✓ 完成创建。

2021年第三期"1+X"建筑信息模型（BIM）职业技能等级考试（初级）实操试题第二题，如图13-10所示。

要求：创建城墙模型，材质为"石材"。

新建族选择"公制常规模型"并命名为"城墙"。

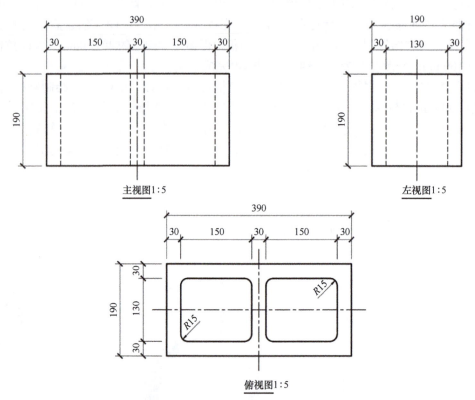

▲ 图13-9 2021年第三期实操试题第一题

在左视图中用"拉伸"创建墙墩模型。选择"拉伸"结合左视图实线部分绘制轮廓，在"属性"面板中修改拉伸起点约束为2500mm，修改拉伸终点约束为-2500mm，修改材质为"石材"，单击 ✓ 完成创建。复制创建相同部件并修改间距为30000mm。

同样在左视图中用"拉伸"创建墙体模型。选择"拉伸"结合左视图虚线部分绘制轮廊，在"属性"面板中修改拉伸起点约束为 32500mm，修改拉伸终点约束为 –32500mm，修改材质为"石材"，单击 ✔ 完成创建，如图 13-11 所示。

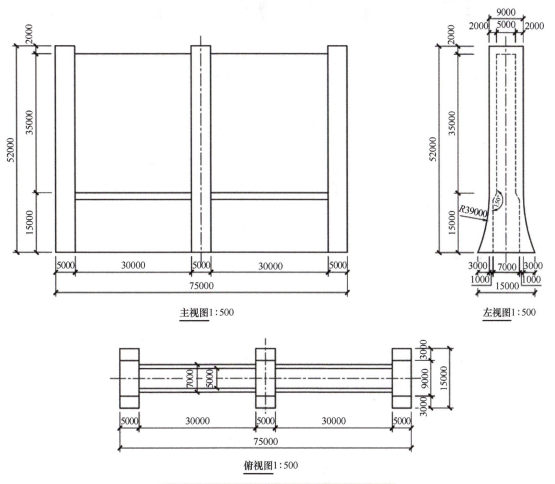

▲ 图 13-10 2021 年第三期实操试题第二题

▲ 图 13-11 城墙

30- 城墙

城墙

13.2.4　2021年第四期

2021年第四期"1+X"建筑信息模型（BIM）职业技能等级考试（初级）实操试题第一题，如图13-12所示。

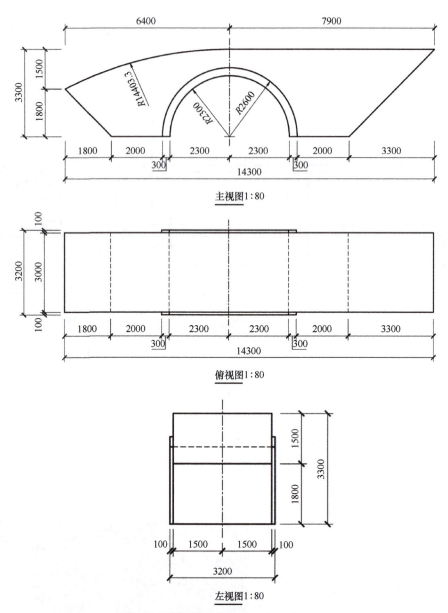

▲ 图13-12　2021年第四期实操试题第一题

要求：创建石桥模型，材质为"溪石"。

新建族选择"公制常规模型"并命名为"石桥"。

在前立面视图中用"拉伸"创建桥体模型。选择"拉伸"结合主视图实线部分绘制轮廓，在"属性"面板中修改拉伸起点约束为1500mm，修改拉伸终点约束为–1500mm，修改材质为"溪石",单击 ✓ 完成创建。

在前立面视图中用"拉伸"创建洞口模型。选择"拉伸"结合主视图实线部分绘制轮廓,在"属性"面板中修改拉伸起点约束为1600mm,修改拉伸终点约束为 –1600mm,修改材质为"溪石",单击 ✓ 完成创建,如图13-13所示。

31-石桥

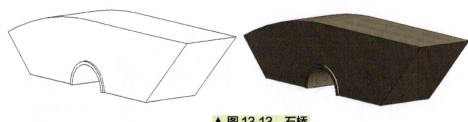

▲ 图13-13 石桥

石桥

13.2.5 2021年第六期

2021年第六期"1+X"建筑信息模型(BIM)职业技能等级考试(初级)实操试题第一题,如图13-14所示。

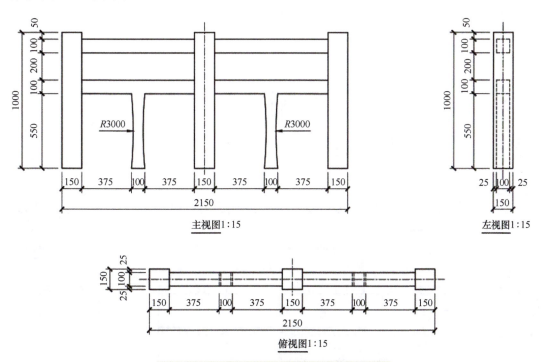

▲ 图13-14 2021年第六期实操试题第一题

要求:创建木栏杆模型,材质为"红木"。

新建族选择"公制常规模型"并命名为"木栏杆"。

在左视图中用"拉伸"创建竖向栏杆模型。选择"拉伸"结合左视图实线部分绘制轮廓,在"属性"面板中修改拉伸起点约束为75mm,修改拉伸终点约束为 –75mm,修改材质为"红木",单击 ✓ 完成创建。复制创建相同部件并修改间距为850mm。

同样在左视图中用"拉伸"创建水平扶手模型。选择"拉伸"结合左视图虚线部分绘制轮廓,在"属性"面板中修改拉伸起点约束为925mm,修改拉伸终点约束为 –925mm,修改材质为"红木",单击 ✓ 完成创建,如图13-15所示。

32-木栏杆

木栏杆

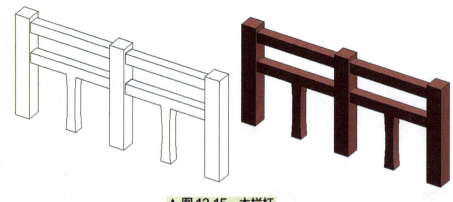

▲ 图13-15 木栏杆

2021年第六期"1+X"建筑信息模型(BIM)职业技能等级考试(初级)实操试题第二题,如图13-16所示。

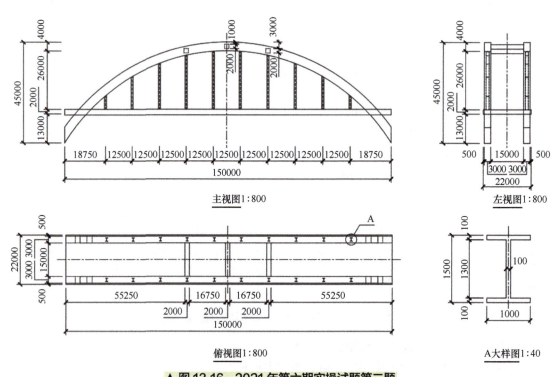

▲ 图13-16 2021年第六期实操试题第二题

要求:创建钢拱桥模型,工字钢位于拱肋下方中心,桥面材质为"混凝土",其余为"钢"。

新建族选择"公制常规模型"并命名为"钢拱桥"。

切换至前立面视图中,用"拉伸"创建拱桥模型。选择"拉伸"结合主视图绘制轮廓,在"属性"面板中修改拉伸起点约束为 7500mm,修改拉伸终点约束为 10500mm,修改材质为"钢",单击 ✓ 完成创建。用"拉伸"创建桥面并修改拉伸起点约束为 11000mm,修改拉伸终点约束为 –11000mm,修改材质为"混凝土",单击 ✓ 完成创建。

同在前立面视图中,用"拉伸"创建横梁。选择"拉伸"结合主视图绘制轮廓(边长 2000mm 的正方形),在"属性"面板中修改拉伸起点约束为 7500mm,修改拉伸终点约束为 –7500mm,修改材质为"钢",单击 ✓ 完成创建。

切换至左视图,框选桥拱,镜像创建模型。

切换至参照平面中,用"拉伸"创建工字钢。选择"拉伸"结合俯视图绘制轮廓,在"属性"面板中修改拉伸起点约束和拉伸终点约束(也可在前立面视图直接拉伸工字钢长度使之与桥体连接),修改材质为"钢",单击 ✓ 完成创建,如图 13-17 所示。

33- 钢拱桥

钢拱桥

▲ 图 13-17　钢拱桥

13.2.6　2021 年第七期

2021 年第七期"1+X"建筑信息模型(BIM)职业技能等级考试(初级)实操试题第一题,如图 13-18 所示。

要求:创建小木桌模型,材质为"胡桃木"。

新建族选择"公制常规模型"并命名为"小木桌"。

在参照平面中用"拉伸"创建桌脚模型。选择"拉伸"结合俯视图绘制轮廓,在"属性"面板中修改拉伸起点约束和拉伸终点约束,修改材质为"胡桃木",单击 ✓ 完成创建。同在参照平面用"拉伸"创建横梁并修改拉伸起点约束和拉伸终点约束,修改材质为"胡桃木",单击 ✓ 完成创建。

切换至参照平面,用"放样"创建桌面。用"拉伸"创建长方形桌面板后,选择"空心放样"—"绘制路径",绘制俯视图路径轮廓,单击 ✓ 完成路径绘制。单击"选择轮廓"—"编辑轮廓"打开左视图,结合主视图绘制底盘轮廓。在"属性"面板中修改材质为"胡桃木",连续单击 ✓ 完成创建,如图 13-19 所示。

BIM 建模基础

主视图1:10

左视图1:10

俯视图1:10

▲ 图 13-18　2021 年第七期实操试题第一题

34- 小木桌

小木桌

▲ 图 13-19　小木桌

2021 年第七期 "1+X" 建筑信息模型（BIM）职业技能等级考试（初级）实操试题第二

题，如图 13-20 所示。

要求：创建英雄纪念碑模型，整体材质为"花岗岩"。

新建族选择"公制常规模型"并命名为"英雄纪念碑"。

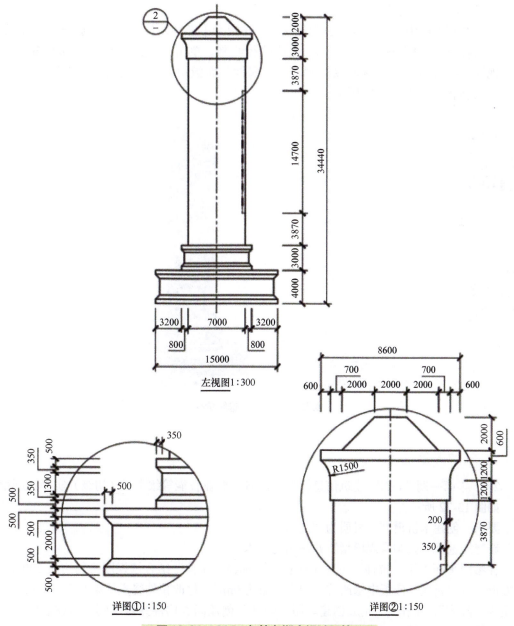

▲ 图 13-20 2021 年第七期实操试题第二题

在参照平面中用"拉伸"创建底座第一部分。选择"拉伸"结合俯视图绘制轮廓，在"属性"面板中修改拉伸起点约束为 0mm，修改拉伸终点约束为 500mm，修改材质为"花岗岩"，单击 ✓ 完成创建。同在参照平面用"融合"创建底座第二部分，并修改拉伸起点

111

约束和拉伸终点约束，修改材质为"花岗岩"，单击 ✓ 完成创建。重复以上操作创建底座部件。

在参照平面中用"拉伸"创建柱体部分。选择"拉伸"结合俯视图绘制轮廓，在"属性"面板中修改拉伸起点约束为7000mm，修改拉伸终点约束为22440mm，修改材质为"花岗岩"，单击 ✓ 完成创建。

同在参照平面中用"放样"创建图13-20详图②中部分构件。选择"放样"—"绘制路径"，绘制俯视图路径轮廓，单击 ✓ 完成路径绘制。单击"选择轮廓"—"编辑轮廓"打开左视图，结合主视图绘制底盘轮廓。在"属性"面板中修改材质为"花岗岩"，连续单击 ✓ 完成创建，如图13-21所示。

35-英雄纪念碑

英雄纪念碑

▲ 图13-21 英雄纪念碑

13.2.7　2022年第一期

2022年第一期"1+X"建筑信息模型（BIM）职业技能等级考试（初级）实操试题第一题，如图13-22所示。

要求：创建木桥模型，材质为"红木"。

新建族选择"公制常规模型"并命名为"木桥"。

在参照平面中用"拉伸"创建木桥桥墩。选择"拉伸"结合俯视图绘制边长200mm的正方形，在"属性"面板中修改拉伸起点约束为0mm，修改拉伸终点约束为3150mm，修改材质为"红木"，单击 ✓ 完成创建。用"阵列"创建同类构件并修改间距。在参照平面中用"拉伸"创建木桥桥面。选择"拉伸"结合俯视图绘制宽为2000mm、长为9300mm的长方形，修改拉伸起点约束为1700mm，修改拉伸终点约束为1950mm，修改材质为"红木"，单击 ✓ 完成创建。在参照平面用"拉伸"创建木桥栏杆。选择"拉伸"结合俯视图绘制宽100mm的长方形，在"属性"面板中修改拉伸起点约束为2550mm，修改拉伸终点约束为2750mm，修改材质为"红木"，单击 ✓ 完成创建。重复以上操作创建扶栏并修改拉伸起点约束为 3150mm，修改拉伸终点约束为 3450mm，修改材质为"红木"，单击 ✔ 完成创建。

切换至参照平面视图，用"放样"创建角柱。选择"放样"—"绘制路径"，绘制边长为 300mm 的正方形，单击 ✔ 完成路径绘制。单击"选择轮廓"—"编辑轮廓"打开左视图，结合主视图绘制高 100mm、宽 150mm 的直角三角形，修改材质为"红木"，连续单击 ✔ 完成创建。用"拉伸"创建四个角柱并修改拉伸起点约束为 1950mm，修改拉伸终点约束为 3550mm，修改材质为"红木"，连续单击 ✔ 完成创建，如图 13-23 所示。

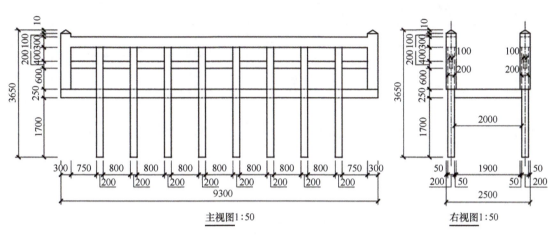
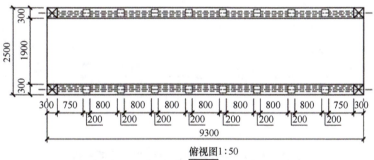

▲ 图 13-22　2022 年第一期实操试题第一题

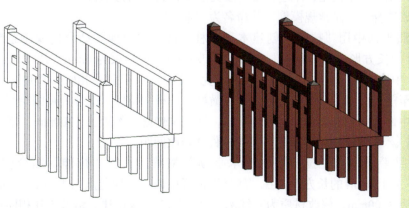

▲ 图 13-23　木桥

36- 木桥

木桥

13.2.8　2022年第三期

2022年第三期"1+X"建筑信息模型（BIM）职业技能等级考试（初级）实操试题第一题，如图13-24所示。

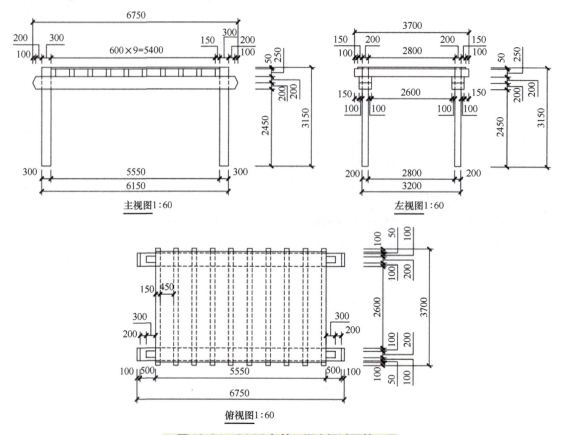

▲ 图13-24　2022年第三期实操试题第一题

要求：创建木亭模型，木亭顶部材质为玻璃，其余均为木材。

新建族选择"公制常规模型"并命名为"木亭"。

在参照平面中用"拉伸"创建木亭角柱。选择"拉伸"结合俯视图绘制长300mm、宽200mm的长方形，在"属性"面板中修改拉伸起点约束为0mm，修改拉伸终点约束为3150mm，中修改材质为"红木"，单击 ✓ 完成创建。镜像创建相同构件并修改间距。

切换至前立面视图，用"拉伸"创建横梁。选择"拉伸"结合主视图绘制轮廓，在"属性"面板中修改拉伸起点约束为1300mm，修改拉伸终点约束为1700mm，修改材质为"红木"，单击 ✓ 完成创建。镜像创建相同构件并修改间距。

在参照平面中用"拉伸"创建木亭顶部横梁。选择"拉伸"结合俯视图绘制长3700mm、宽150mm的长方形，在"属性"面板中修改拉伸起点约束为2850mm，修改拉伸终点约束为3100mm，修改材质为"红木"，单击 ✓ 完成创建。镜像创建相同构件并修改间距为600mm。同在参照平面中用"拉伸"创建木亭顶部玻璃板。选择"拉伸"结合俯视图绘制轮廓，在"属性"面板中修改拉伸起点约束为3100mm，修改拉伸终点约束为3150mm，修改材质为"玻璃"，单击 ✓ 完成创建，如图13-25所示。

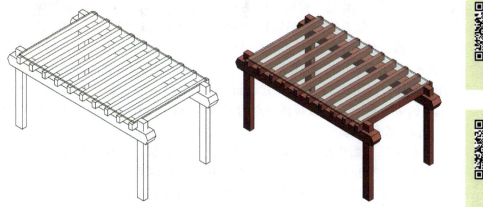

37-木亭

木亭

▲ 图13-25　木亭

13.2.9　2022年第四期

2022年第四期"1+X"建筑信息模型（BIM）职业技能等级考试（初级）实操试题第一题，如图13-26所示。

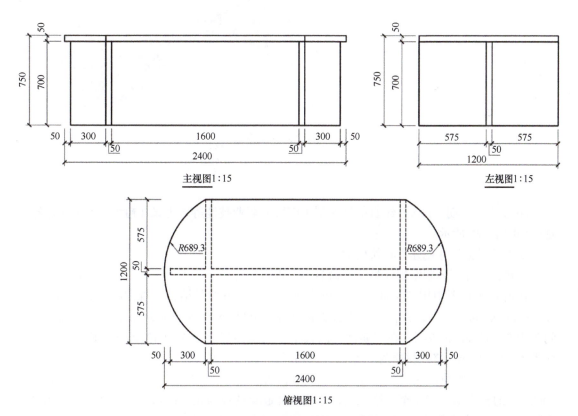

▲ 图13-26　2022年第四期实操试题第一题

要求：创建办公桌模型，材质为"松木-白色"。

新建族选择"公制常规模型"并命名为"办公桌"。

在参照平面中用"拉伸"创建办公桌基座。结合三视图作辅助参照平面。选择"拉伸"结合俯视图绘制长 1200mm、宽 50mm 的长方形，在"属性"面板中修改拉伸起点约束为 0mm，修改拉伸终点约束为 700mm，修改材质为"松木-白色"，单击 ✓ 完成创建。镜像创建相同构件并修改间距为 1650mm。用"拉伸"创建长 2300mm、宽 50mm 的长方形，在"属性"面板中修改拉伸起点约束为 0mm，修改拉伸终点约束为 700mm，修改材质为"松木-白色"，单击 ✓ 完成创建。

在参照平面中用"拉伸"创建办公桌桌面板。选择"拉伸"结合俯视图绘制长 1700mm、宽 1200mm 的长方形，并在两端创建半径为 689.3mm 的圆弧，在"属性"面板中修改拉伸起点约束为 700mm，修改拉伸终点约束为 750mm，修改材质为"松木-白色"，单击 ✓ 完成创建，如图 13-27 所示。

▲ 图 13-27　办公桌

13.2.10　2023 年第一期

2023 年第一期"1+X"建筑信息模型（BIM）职业技能等级考试（初级）实操试题第一题，如图 13-28 所示。

要求：根据尺寸创建青石桥模型。

新建族选择"公制常规模型"并命名为"青石桥"。

在前立面视图中用"拉伸"创建桥主体。选择"拉伸"结合主视图绘制长 94000mm、高 16000mm 的长方形，并在等间距位置创建宽 16000mm、高 13000mm 的桥洞，复制三个间距为 22000mm 的桥洞，在"属性"面板中修改拉伸起点约束为 4250mm，修改拉伸终点约束为 –4250mm，修改材质为"青石"，单击 ✓ 完成创建。

切换至右视图，用"空心拉伸"创建桥面。用"空心拉伸"创建长 7500mm、高 1000mm 的长方形，切换至三维视图，修改拉伸起点约束与拉伸终点约束，修改材质为"青石"，单击 ✓ 完成创建。

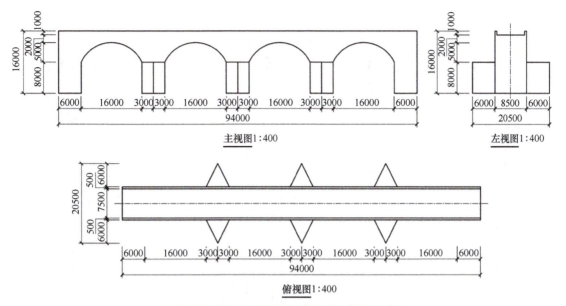

▲ 图 13-28　2023 年第一期实操试题第一题

在参照平面中用"拉伸"创建桥墩。选择"拉伸"结合俯视图绘制高 6000mm、底边长 6000mm 的等腰三角形，等间距 22000mm 复制同边其他两个桥墩，并框选三个桥墩镜像。在"属性"面板中修改拉伸起点约束为 0mm，修改拉伸终点约束为 8000mm，修改材质为"青石"，单击 ✓ 完成创建。连接以上桥体与桥墩模型，如图 13-29 所示。

39- 青石桥

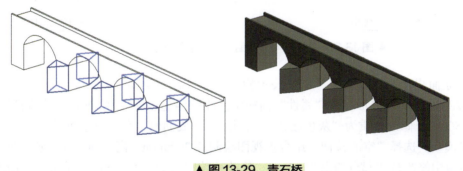

▲ 图 13-29　青石桥

青石桥

13.2.11　2023 年第二期

2023 年第二期"1+X"建筑信息模型（BIM）职业技能等级考试（初级）实操试题第一题，如图 13-30 所示。

要求：根据尺寸创建公示栏模型。圆柱与顶部材质为"绿色涂料"，其余材质为"灰色涂料"。

新建族选择"公制常规模型"并命名为"公示栏"。

在参照平面中用"拉伸"创建桥圆柱。做辅助参照平面后，选择"拉伸"结合主视图绘制直径 300mm 的圆形，在"属性"面板中修改拉伸起点约束为 0mm，修改拉伸终点约束为 3000mm，修改材质为"绿色涂料"，单击 ✓ 完成创建。

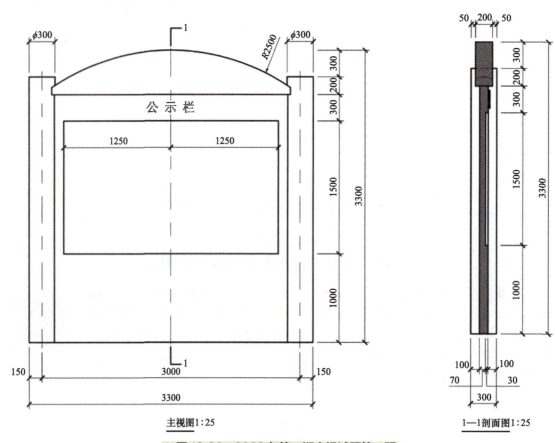

▲ 图 13-30 2023 年第二期实操试题第一题

切换至前立面视图，用"拉伸"创建公示栏主体。选择"拉伸"结合主视图绘制长 3000mm、高 2800mm 的长方形，在"属性"面板中修改拉伸起点约束为 50mm，修改拉伸终点约束为 –50mm，修改材质为"灰色涂料"，单击 ✓ 完成创建。在同一立面视图用"空心拉伸"创建模型。选择"空心拉伸"结合主视图绘制长 2500mm、高 1500mm 的长方形，在"属性"面板中修改拉伸起点约束为 50mm，修改拉伸终点约束为 20mm，单击 ✓ 完成创建。

在前立面视图中用"拉伸"创建公示栏顶部模型。选择"拉伸"结合主视图绘制轮廓形状，在"属性"面板中修改拉伸起点约束为 100mm，修改拉伸终点约束为 –100mm，修改材质为"绿色涂料"，单击 ✓ 完成创建。

在前立面视图中创建文字模型。选择"文字模型"并输入"公示栏"，调整字体间距后放在模型合适位置，保存文件，如图 13-31 所示。

13.2.12 2023 年第三期

2023 年第三期"1+X"建筑信息模型（BIM）职业技能等级考试（初级）实操试题第一

题，如图 13-32 所示。

40- 公示栏

公示栏

▲ 图 13-31　公示栏

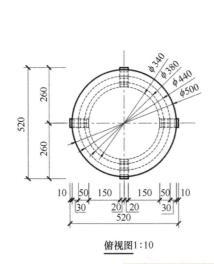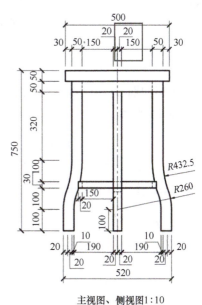

俯视图1:10

主视图、侧视图1:10

▲ 图 13-32　2023 年第三期实操试题第一题

要求：根据尺寸创建圆凳模型。材质为：胡桃木。

新建族选择"公制常规模型"并命名为"圆凳"。

在参照平面中用"拉伸"创建凳面板。在参照平面视图中选择"拉伸"结合主视图绘制直径 500mm 的圆形，在"属性"面板中修改拉伸起点约束为 700mm，修改拉伸终点约束为 750mm，修改材质为"胡桃木"，单击 ✓ 完成创建。

同在参照平面中用"拉伸"创建内径 170mm、外径 220mm 的圆环，在"属性"面板中修改拉伸起点约束为 650mm，修改拉伸终点约束为 700mm，修改材质为"胡桃木"，单击 ✓ 完成创建。在参照平面中用"拉伸"创建直径 380mm 的圆形，在"属性"面板中修改拉伸起点约束为 200mm，修改拉伸终点约束为 230mm，修改材质为"胡桃木"，单击 ✓ 完成创建。

切换至前立面视图，用"拉伸"创建凳腿。选择"拉伸"结合主视图绘制轮廓，在"属性"面板中修改拉伸起点约束为 20mm，修改拉伸终点约束为 –20mm，修改材质为"胡桃木"，单击 ✓ 完成创建。用"旋转并复制"创建其余凳腿，保存文件，如图 13-33 所示。

▲ 图 13-33　圆凳

13.2.13　2023 年第四期

2023 年第四期"1+X"建筑信息模型（BIM）职业技能等级考试（初级）实操试题第一题，如图 13-34 所示。

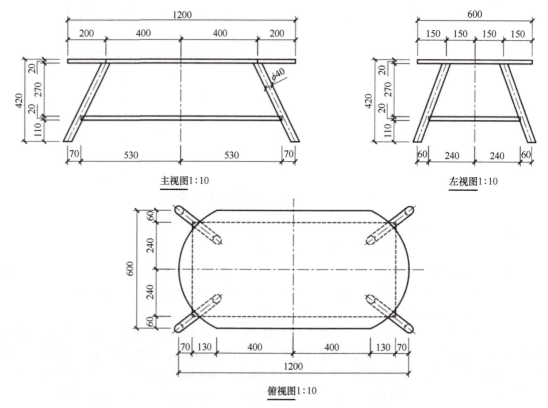

▲ 图 13-34　2023 年第四期实操试题第一题

要求：根据尺寸创建小茶几模型，材质为"木材"。

新建族选择"公制常规模型"并命名为"小茶几"。

在参照平面中用"拉伸"创建桌面。做辅助参照平面后，选择"拉伸"结合主视图绘制轮廓，在"属性"面板中修改拉伸起点约束为400mm，修改拉伸终点约束为420mm，修改材质为"木材"，单击 ✔ 完成创建。

在参照平面中用"融合"创建桌腿。选择"融合"结合主视图绘制轮廓，顶部轮廓、底部轮廓均为半径 20mm 的圆形，在"属性"面板中修改融合起点约束为 0mm，融合终点约束为 400mm，修改材质为"木材"，单击 ✔ 完成创建。在同一视图中用"拉伸"创建模型。选择"拉伸"结合主视图绘制长 1060mm、高 480mm 的长方形，在"属性"面板中修改拉伸起点约束为 110mm、修改拉伸终点约束为 139mm，单击 ✔ 完成创建。保存文件，如图 13-35 所示。

42- 小茶几

小茶几

▲ 图 13-35 小茶几

小结

本项目讲解应用族工具创建模型的基本流程，具体结合"1+X"建筑信息模型职业技能等级考试（初级）实操真题分析了族在空心砖、装饰门洞、城墙、小木桌、纪念碑、桥等的应用实例。在练习过程中需要注意三视图的识读以及空间的连续与连接。

思考题

1. 如何将族载入项目中？
2. 族和体量创建有何共同点？
3. 族文件如何创建？
4. 族的类型有哪些？
5. 族参数如何关联语句？
6. 如何给族增加参数（如材质）？
7. 如何添加字体模型？

附录
Revit 2018 快捷键列表

命令	快捷键	命令	快捷键	命令	快捷键
标高	LL	删除	DE	区域放大	ZR
轴网	GR	复制	CO	可见性图形	VV
参照平面	RP	移动	MV	细线显示	TL
模型线	L	旋转	RO	临时隐藏图元	HH
墙	WA	阵列	AR	取消隐藏图元	EU
门	DR	镜像-拾取轴	MM	重设临时隐藏	HR
窗	WN	锁定位置	PP	层叠窗口	WC
柱	CL	解锁位置	UP	平铺窗口	WT
楼板	SB	对齐	AL	渲染	RR
梁	BM	修剪	TR	属性	PP
基础	FT	打断	SL	文字	TX
风管	DT	偏移	OF	对齐标注	DI
风管/管件	DF	项目中选择全部实例	SA	按类别标记	TG
高程点标注	EL	拆分区域	SF	详图线	DL
创建类似	CS	填色	PT	交点	SI
房间	RM	重复上个命令	RC	匹配对象类型	MA
房间标记	RT	线处理	LW	捕捉远距离对象	SR
放置构件	CM	最近点	SN	象限点	SQ
端点	SE	中点	SM	垂足	SP

（续）

命令	快捷键	命令	快捷键	命令	快捷键
中心	SC	关闭替换	SS	上一次缩放	ZP
形状闭合	SZ	关闭捕捉	ZF	隐藏类别	VH
关闭捕捉	SO	隐藏图元	EH	取消隐藏类别	VU
线框显示模式	WF	点	SX		
捕捉到远点	PC	工作平面网格	SW		

参 考 文 献

[1] 孙仲健.BIM建模基础：Revit应用［M］.北京：清华大学出版社，2018.
[2] 祖庆芝."1+X"建筑信息模型（BIM）职业技能等级考试：初级实操实体解析［M］.北京：清华大学出版社，2022.
[3] 张阳阳，陈文峰，黄伟."1+X"制度下建筑信息模型人才培养研究［J］.淮南职业技术学院学报，2022，22（6）：75-77.
[4] 朱小艳.结合BIM证书推进高职建筑类专业"课证融通"改革问题探析［J］.天津电大学报，2022，26（2）：66-70.
[5] 许影，杨泽平，刘晓勤."1+X"改革背景下校内BIM工作室建设探析［J］.安徽建筑，2021，28（10）：139-141.
[6] 吴湖.基于Revit的格构梁柱及其节点的参数化建模研究［D］.南昌：南昌大学，2022.
[7] 邓俊文.基于BIM的桥梁精细化建模与有限元分析［D］.南昌：华东交通大学，2022.
[8] 张维锦，周瑾，涂文斌.基于Revit的地铁出入口快速建模方法［J］.华东交通大学学报，2022，39（2）：62-68.